青少年 科普图书馆

图说生物世界

俏皮可爱的紫貂

——哺乳动物

侯书议 主编

U0395563

上海科学普及出版社

图书在版编目（ＣＩＰ）数据

俏皮可爱的紫貂：哺乳动物 / 侯书议主编. 一上海 ：上海科学普及
出版社，2013.4（2022.6重印）

（图说生物世界）

ISBN 978-7-5427-5612-1

Ⅰ. ①俏… Ⅱ. ①侯… Ⅲ. ①哺乳动物纲－青年读物②哺乳动物纲－
少年读物 Ⅳ. ①Q959.8-49

中国版本图书馆 CIP 数据核字(2012)第 271703 号

责任编辑 李　蕾

图说生物世界

俏皮可爱的紫貂——哺乳动物

侯书议　主编

上海科学普及出版社

（上海中山北路 832 号　邮编　200070）

http://www.pspsh.com

各地新华书店经销　　三河市祥达印刷包装有限公司印刷

开本 787×1092 1/12　印张 12　字数 86 000

2013 年 4 月第 1 版　2022 年 6 月第 3 次印刷

ISBN 978-7-5427-5612-1　定价：35.00 元

图说生物世界
编 委 会

丛书策划：刘丙海 侯书议

主　　编：侯书议

编　　委：丁荣立 文　韬 宋凤勤

　　　　　韩明辉 侯亚丽 赵　衡

绘　　画：才珍珍 张晓迪 耿海娇

　　　　　余欣珊

封面设计：立米图书

排版制作：立米图书

前　言

　　哺乳动物种类繁多,无论是水中游的,还是陆地上走的,甚至是天上飞的,它们的踪迹处处可见。其实,在你照镜子的时候也能够看到哺乳动物。因为人类就属于哺乳动物。

　　人类作为高级哺乳动物,虽然没有恐龙、鲸的巨大体型,甚至连狮子、老虎都打不过,但是人类却可以凭借着高智商,捕捉巨鲸,将凶猛的狮子、老虎关进笼子里。

　　如今, 弱小的人类像曾经体型巨大的恐龙一样统治着整个地球,而老虎威震整个森林,鲸鱼则是整个海洋的霸主……总而言之,这个时代可以称为是哺乳动物主宰地球的时代。

　　哺乳动物经过数亿年的进化, 已经成为世界上形态结构最高等、生理机能最完善的一类动物。它们的体格大多健壮,如凶猛的老虎、善于奔跑的猎豹、善于跳远的袋鼠,以及长有长长体毛的麝香牛等。在哺乳动物的成员中,有一种叫小熊猫的动物,它不但长得像熊,还像猫;蝙蝠长得不但像老鼠,还像鸟;而被称为"四不像"的麋鹿,脸像马,角像鹿,颈像骆驼,尾像驴……总之,哺乳动物的长相千奇百怪。

　　虽然哺乳动物适应环境的能力非常强,但是,由于人类对大自然的破坏导致了很多动物的生活环境也受到了破坏,致使它们无法适应破坏后的环境,其中濒临灭绝的就有紫貂、穿山甲、长吻针鼹等。它们一旦灭绝,将会永远在这个世界上消失。

　　哺乳动物不但聪明绝顶,而且身怀绝技,由它们统治着整个世界,是自然界的选择。想必你一定很好奇,哺乳动物的聪明表现在什么地方,它们又有哪些独门绝技呢?它们又是如何统治地球的呢?现在,就让我们带着这些疑问,一起走进哺乳动物神奇的世界吧!

目 录

哺乳动物知多少

哺乳动物家族之最

哺乳动物里的另类

濒危的哺乳动物

哺乳动物与人类

 哺乳动物知多少

关键词：哺乳动物、身体特征、恒温动物、胎生动物、乳汁哺育、演化、生物学分类

导　　读：在众多的物种当中，离我们最近的莫过于哺乳动物。因为不仅我们周围的一些猫猫狗狗是哺乳动物，就连我们人类自身也是哺乳动物中的一员。

哺乳动物的身体特征

作为哺乳动物的一员，你知道我们人类的身体跟其他动物有什么样的不同吗？或者说人类作为哺乳动物，身体跟一般的哺乳动物有什么共同点呢？

首先，哺乳动物的身体结构就和其他动物的有着明显的不同。我们都知道，鸟类的身体是由头、颈、躯干、翅膀、尾巴、腿等部分构

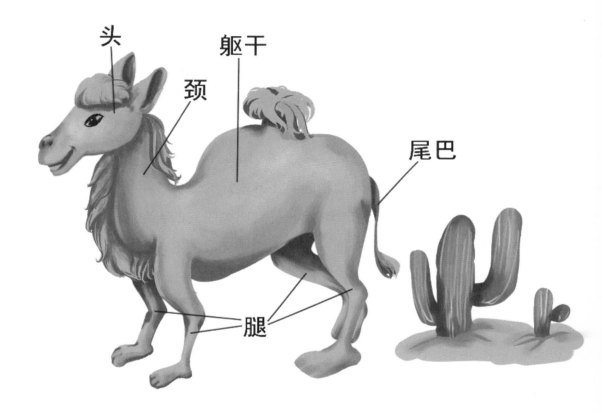

成,而大多数哺乳动物的身体是由头、颈、躯干、四肢、尾巴等部分构成的。而且哺乳的动物的四肢也更具有灵活性,这无疑增加了哺乳动物的活动能力。

其次,大多数哺乳动物体表都覆盖着毛发,尤其是陆生的哺乳动物。毛发是哺乳动物身体表皮角化的一种产物,这也是哺乳动物

与其他动物的明显区别。

哺乳动物身体上的毛发对于哺乳动物的作用很大,它们具有绝热、保温的作用,所以大多数哺乳动物都会出现周期性的换毛。夏天的时候,毛一般比较短,还稀少;冬天的时候,毛就会变得又长又浓密,保温的效果甚好。

除此之外,有些哺乳动物的毛还有很好的保护作用。很多动物的毛色会跟它们生活的环境融为一体,比如骆驼的毛色跟它生活的沙漠的颜色差不多,这有助于帮助它躲避天敌的追杀。当然,并不是所有的哺乳动物身上都长着毛发,比如鲸的身上就没有,不过这毕竟是极少的一部分,不能成为哺乳动物的主流。

再者,哺乳动物都是用肺呼吸的。肺位于动物的胸腔内,左右各一个。肺是哺乳动物的最主要的呼吸器官,它是气体的交换场所,哺乳动物就是通过肺的呼吸,不断地吸入新鲜的空气、呼出浊气来维持自身的生命。如果哺乳动物的肺丧失了呼吸功能,这就意味着哺乳动物的生命走向了终结。

最后值得一提的是,哺乳动物的大脑结构要比其他非哺乳动物的大脑结构更为复杂,尤其是哺乳动物的大脑皮层空前发达,这为哺乳动物的逻辑思维能力和运算能力提供了先决条件。从这层面上来说,哺乳动物要比非哺乳动物聪明很多。

哺乳动物是恒温动物

提到"恒温动物"这个词,也许你有些陌生。所谓恒温动物,就是在温度变化较大的环境当中,基本体温能在比较小的范围内波动的动物。人类就是恒温动物,我们的体温一般保持在 37℃左右。大多数哺乳动物的体温也如此。

哺乳动物的身体保持在一个恒定的温度上,这对哺乳动物来说是非常有好处的。由于哺乳动物的体温是恒定的,所以它们对生活的环境就不会太挑剔,哪怕在一个很冷的环境里也能够正常地生活,一般不会影响它们进食、睡觉。

一般恒温动物在大冷天的时候也能活力十足。但是对于像鱼类那样的变温动物来说就不一样了,当生活环境的温度发生变化的时候,它们自身的体温也要随之发生变化,这样一来,它们的活动就会受到很大的限制。

地球上的温度会随着四季的变化而发生变化。那么,哺乳动物们怎么来调节自身温度跟外界温度的差距呢?请不必担心,哺乳动物自有调节的办法。

当外界的温度低于身体的温度的时候，大多数哺乳动物一般通过几种方式来取暖：寻找一个温暖的环境，比如小动物们可以钻进自己洞穴里过冬，人类可以在屋子里；增加毛发，以增强保温的作用；增加活动量也可以保温；用碰撞和拥抱的方法也可以取暖，例如，兔子就是靠碰撞来取暖的。

　　当外界的温度高于身体温度的时候，哺乳动物会有降温的方法：比如，寻找一个凉爽的环境；减少活动；通过汗腺出汗散热；没有汗腺的动物通过喘息散热等等。

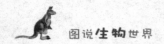　　　　

哺乳动物大多是胎生动物

所谓胎生,就是雌性动物的卵子受精以后,留在体内,并由母体给卵子提供生长所必需的营养,经过一段时间的成长后脱离母体,这种生殖方式称为胎生。大多数哺乳动物都是采用这种生殖方式。

对于动物们来说,如果想要实现胎生这种生殖方式,就必须具备一个先决条件,那就是动物的母体里生长有一个独特的器官——子宫。

子宫,是哺乳动物生殖器官的一部分,是哺乳动物的后代发育生长的场所。它位于母体的盆腔内,也有的在母体的腹腔内,形状呈圆筒形。大多数哺乳动物都有双子宫或者双角子宫,只有人类和灵长类动物只有一个子宫,位于盆腔的中央,膀胱和直肠中间。

当哺乳动物发育成熟以后,它们就会通过交配的方式让精细胞与卵细胞相遇。哺乳动物的受精是在母体内完成的。当精子进入雌性的身体以后,它们会在输卵管的上端与卵子相遇,并完成受精。受精卵经过一段时间的发育以后变成早期的胚胎,游到母体的子宫里,从此在子宫里安家,完成初步的发育生长。子宫里幼体是通过胎盘来与母体连系的，它通过胎盘吸收母体血液中的养分和氧气，并把二氧化碳等废物排出体外。等到胎儿在子宫里发育成熟以后，母体就会通过子宫收缩把幼体排出体外，一个独立的新生命就这样诞生了。

胎生这种生殖方式对哺乳动物的繁衍和发展是非常有意义的，因为胎儿是在母体中成长的，这在一定程度上会减少外界对它们的伤害；胎儿在母体中成长，也为它们的发育提供了足够的营养和恒温的条件，这非常有利于提高新生命的成活率。

卵生动物的形成

老鼠：20天

大象：400天

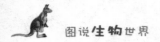
用乳汁哺育下一代

哺乳动物与其他动物最大的不同,莫过于它们用母体分泌的乳汁来哺育下一代。

哺乳动物的身体跟其他动物相比,还有一个非常明显的不同,那就是哺乳动物的母体都有一个特殊的腺体,那就是乳腺。乳腺是一种由泡状腺体和管状腺体组成的一种复合的腺体,它们的开口就在突出的乳头上。

不同的哺乳动物,乳头的个数也是不同的,这一般跟哺乳动物的产仔个数有关系。一些低等的哺乳动物是没有乳头的,它们的乳汁是通过毛流出来的,幼体只要舔食母体的毛就可以。

虽然雄性哺乳动物也有乳腺,但是能够分泌出乳汁的一般只有雌性。乳汁是由乳腺的一种叫腺泡细胞的细胞分泌的,乳汁的分泌需要一种名叫催乳素的物质起作用,而乳汁的排出则依赖于一种名叫催产素的物质。当母体处于孕期的时候,身体内的雌激素水平是正常人的 20 倍,当胎儿被分娩出后,母体身体内的雌激素就会骤然下降,这个时候母体内部的催乳素就会大量产生,乳汁就分泌出来了。

　　母体分泌的乳汁中,含有丰富的营养物质,其中包括水、蛋白质、乳糖、各种维生素和各种矿物质等等。这些物质对幼体的成长和发育有着极大的辅助作用。更为神奇的是,不同的哺乳动物还能根据幼体的成长速度等,分泌出成分不同的乳汁。

　　比如,乳汁中乳糖是一种能够促进大脑发育的物质,智商越高的哺乳动物,其乳汁的乳糖含量就会越高,而人类作为智商最高的哺乳动物,分泌出来的乳汁的乳糖含量也是最高的。

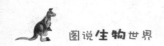

哺乳动物的演化与分类

从生物进化角度看,哺乳动物的最早祖先是来自距今 2 亿多年的中生代三叠纪的犬齿兽。很多古生物学家通过对南非、亚利桑那州发掘出的犬齿兽化石的研究、比对,确认这种远古时期的犬齿兽类动物更像哺乳动物,而不像爬行动物。

犬齿兽和哺乳动物拥有高度相仿的身体或生理特征,比如犬齿兽在咀嚼食物时能够呼吸;它们的牙齿类型也有数种;身体长有体毛和胡须,其四肢位于身体下方,能够直立起来,可以快速奔跑等。

到了侏罗纪(距今 1.99 亿年前~距今 1.45 亿年前)时期,哺乳动物正式登上自然界的历史舞台。1985 年,我国云南省出土的动物化石吴氏巨颅兽被看做是最早的哺乳类动物化石。科学家们从这种动物化石上找到了大头颅、中耳以及耳骨和下颚分离等明显的现代哺乳动物特征。

随后,更多的哺乳类动物活跃在侏罗纪时期,当时的哺乳类动物个头较小,还不具备迅速发展和统治地球的条件,庞然大物恐龙家族依然是这一时期的统治者。

在距今 6550 万年前的白垩纪灭绝事件中,庞然大物恐龙家族灭绝了,当时地球上 90% 的动植物也灭绝了,有些哺乳类动物也难逃一劫。而个体小、轻的某些哺乳动物逃过了这一次大灾难。

也许横行霸道的恐龙灭绝以及爬行类动物家族的衰落,给哺乳动物的繁衍与发展带来了一次空前的绝佳机会。原因在于陆地上的丰富食物资源不再被恐龙家族以及爬行动物霸占,这给其他生物带来了更多的食物资源。有了食物,自然成了哺乳动物迅速扩张地盘的必要条件。

除此之外,哺乳动物进化较快的原因是,它们以乳汁养育后代,这样一来,就避免了为抚育后代寻找食物而浪费更多的时间,它们可以把节省下来的时间用于教育后代如何在恶劣的环境中生存下去的本领。而且,物种的繁衍速度和存活率也大大提高了。堪培拉市澳大利亚国立大学的比较基因小组组长、进化生物学家 Jenny Graves 认为,分泌乳汁是哺乳动物放弃卵生方式背后的推动力,这是因为它们不再需要依靠卵作为幼崽生长的营养来源。

到了距今 6500 万 ~ 260 万年的新生代第三纪,哺乳动物已经成为地球生物圈的主角,现代哺乳动物的祖先陆续开始出现,其中马在这一阶段进化最快。

到了新生代第四纪时期,哺乳类动物飞速进化。其中最为显著的进化事件,当是灵长目类动物的进化,这次进化使猿演化成人类。

在生物学上,哺乳动物隶属于动物界脊索动物门脊椎动物亚门哺乳纲。由于哺乳动物种类繁多,外形多样,分布区域广泛,因此,生物学分类又根据哺乳动物的外形、头骨、牙齿、附肢以及生育方式等划分成 29 目,现存 28 目。这28目分别是:单孔目、鼩负鼠目、智鲁负鼠目、袋鼬目、袋貂目、袋狸目、有袋目、袋鼹目、袋鼠目、贫齿目、食虫目、树鼩目、皮翼目、翼手目、灵长目、食肉目、鲸目、海牛目、长鼻目、奇蹄目、蹄兔目、管齿目、偶蹄目、鳞甲目、啮齿目、兔形目、象鼩目、鳍脚目等。

在哺乳动物家族中,人们熟悉也常见的代表动物有:人类、虎、狼、鼠、鹿、貂、猴、貘、树懒、斑马、狗、狐、熊、象、豹、麝、牛、狮、小熊猫、猪、羚羊、驯鹿、考拉、犀牛、猞猁、穿山甲、长颈鹿、大熊猫、食蚁兽、猩猩、海牛、水獭、灵猫、海豚、海象、鸭嘴兽、刺猬、北极狐、北极熊、袋鼠、犰狳、河马、海豹、鲸、鼬、兔等。

值得一提的是,仅仅生活在澳大利亚地区的鸭嘴兽、针鼹(或称短吻针鼹)、原鼹(或称长吻针鼹)等,又是很特别的一个类群,它们的繁殖方式不是胎生,而是卵生。但是,生物学家依然将它们划归到哺乳动物家族的行列。这一划分方式考虑的首要条件就是,它们一样具有分泌乳汁和哺育后代的功能。

哺乳动物家族之最

关键词：人类、蓝鲸、美洲海牛、小鮑鳍、袋鼠、猎豹、
虎、狮、麝香牛、袋獾、长颈鹿、蜜獾、树鮈

导　　读：哺乳动物是一个非常庞大的家族，在成千上万
种的哺乳动物中，很多动物都有自己独特的优势。

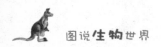

最高级的哺乳动物——人类

人类,就是对所有人的总称。在《汉代汉语词典》里对于"人"的解释就是:能制造工具并使用工具进行劳动的高等动物。根据演化论,人类的起源是查尔斯·达尔文提出进化论后,逐渐发展起来的一种理论,认为人类起源于类人猿,从灵长类经过漫长的演化过程一步一步发展而来。

说人类是高级动物,有些人不能理解,为什么人类作为众多动物中的一个群体总是以最高级动物来自称呢?我们人类跟其他动物比起来有什么区别呢?

其实,说我们人类是最高级的动物是有很多原因的,最主要是从智力上来说的。

首先,人类的大脑容量比其他动物的大得多,人类的脑细胞也非常发达,这就决定了人类的智商要远远高于其他动物。人体的脑部重量是 1400 克,而能超过人体脑容量的也只有鲸。虽然鲸的脑容量比人类的重,但是跟它们那庞大的身体重量相比,比值要远远落后于人类。所以一只成年鲸的智商,也就相当于人类在三四岁左右的智商,但这也让它们成了除了人类以外最聪明的动物。

其次,人类的大脑皮层比其他动物更为发达。人的大脑皮层与其他动物相比有了新的飞跃,这让人类比其他动物拥有更强的抽象思维能力。所以在一定程度上,人类的逻辑思维能力更为缜密,计算

能力也要比一般动物强很多。

再者,人类有真正的语言表达能力。语言是人类最通用的交流工具。人类通过语言交流感情、表达自己的需求等。对于自然界的动物来说,只有人类才有真正的语言。有些动物虽然在一定程度上能发出声音,但是并不能像人类这样能够用语言完整地表达自己的意思,它们只能简单地表达高兴或者愤怒。

最后,人类能够利用自己智力上的优势,制造并熟练地使用工具。从古猿向人的进化过程中,经历的第一个阶段就是能人,能人跟古猿最明显的区别就是不仅大脑比古猿发达,他们还能制造一些简单的工具。随着人类的不断进化,人类这种特殊的本事也得到了不断的提升,以致到后来能制造各种高科技的工具。人类不仅能够制造,还能够掌握这些工具的性能,从而熟练地使用。而其他动物只能简单地借助自然界现存的物质才得以生存,不可能有任何发明创造。从这一点也可以看出人类要比其他动物聪明得多。

除此以外,人类还有很多方面要比其他动物高级得多。值得一提的是,我们所说的高级,并不意味着人类比其他动物高出一等,可以随意践踏其他动物的生命。对于整个自然界来说,任何生物都是维系生态平衡的一部分,从这个层面上来说,人和其他动物都是平等的。

最大的哺乳动物——蓝鲸

在哺乳动物中,最大的哺乳动物莫过于蓝鲸了。

蓝鲸是哺乳纲中的一种海洋哺乳动物,又被人们称为蓝长须鲸或者剃刀鲸。世界各地的海洋中都有它们活跃的身影,南极海域中数量最多。不过,在 20 世纪初期的几十年间,由于人类的大量猎杀,致使蓝鲸数量急剧减少。

1966 年,国际社会开始关注并保护蓝鲸的生存现状,经过多年的自然繁殖,蓝鲸的数量开始逐步回升。

蓝鲸没有牙齿,它的嘴巴前端长了许多三角形的须,这些须上密布着像木梳齿一样的齿,能帮助鲸鱼过滤出海水中的小块食物。它主要以小型的甲壳类动物(比如磷虾)以及小型鱼类为食,偶尔也会捕食一些软体动物,比如鱿鱼等。

蓝鲸的这些鲸须呈黝黑色,它们的身体则是青蓝色的,体侧还夹杂着许多斑点。蓝鲸的腹部是浅灰色的,上面布满了皱纹,可不要小看这些皱纹,它就像弹簧一样赋予了蓝鲸膨胀收缩的本领。

蓝鲸是个体积庞大的家伙,一头成年蓝鲸的体长一般能够达

到 24～34 米，这个长度是任何动物都达不到的。蓝鲸的体重则在150～200 吨，这个体重相当于 25 头非洲大象体重的总和。

　　蓝鲸的体积不仅庞大，就连它们身体上的器官也非常大。一般一头成年蓝鲸的舌头达到了两吨重，这差不多相当于将近 30 个成年人体重的总和。蓝鲸的肝脏能达到一吨重，它的心脏也有 500 千克。除此之外，蓝鲸的肠子也非常长，如果拉直的话能够达到 200～

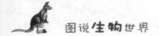
300米。蓝鲸的血管也粗得惊人，竟然能够装下一个小孩！这么粗的血管使它的血流量也非常大，它的血液循环量达到8000千克左右。

如此庞大的身体也必须靠大量的食物才能满足它的身体需求。蓝鲸的胃口非常大，经常一口气就吞下200多万只磷虾，而它每天吃的总食量也得在4~8吨左右，才能够补充它一天需要的营养。

另外，蓝鲸肠胃里的食物，也不能少于2吨，如果少于这个量，它就会有饥饿感。

成年蓝鲸的体形如此巨大，它们的宝宝当然也不会逊色。蓝鲸一般是选择在冬季繁殖后代的，每一头雌性蓝鲸每两年生育一次，每生育一次就能产下一头幼鲸。刚出生的幼鲸要比其他任何刚出生的动物大很多，体长达6~8米，体重达6吨。

如此大的幼鲸在出生的时候想必也是危险重重的。蓝鲸妈妈为了避免自己的孩子窒息而死，在幼鲸出生后的第一时间里，蓝鲸妈妈会把幼鲸托出水面，让幼鲸尽情地呼吸第一口空气，不过从这以后，幼鲸就要自己呼吸了。

幼鲸的食量很大，每天要在蓝鲸妈妈身上吸食1吨左右的乳汁。值得一提的是，鲸是没有嘴唇的，所以幼鲸要想喝母乳，必须通过蓝鲸妈妈乳腺区的肌肉将乳汁压入它的口中。

最丑陋的哺乳动物——美洲海牛

如果动物有美丑之分,那么世界上最丑陋的哺乳动物莫过于美洲海牛了。

美洲海牛属哺乳纲真兽亚纲的海洋生哺乳动物,它又被人们称为北美海牛、加勒比海牛、西印度海牛、佛罗里达海牛等。

说起加勒比海牛,还有一个关于这个名字的由来,在古加勒比语言体系中,加勒比海牛被称为"manat",是"妇女的乳房"的意思,因其乳房与人类的相似,故给它取了这样一个颇具人性化色彩的名字。此外,关于美洲海牛还有这样一个认识:人们认为雌性美洲海牛是以前肢抱着幼仔,将身体竖立在水面上给幼仔哺乳,很像人类哺乳的样子,因此,又称其为"美人鱼"。

美洲海牛主要生活在大西洋热带海域以及加勒比海附近的沿岸地区,它们既能够适应海水的环境,也能够适应淡水的环境。

美洲海牛的孕期需要 152~180 天左右,产期大都在三四月份,最多可生下两个小宝宝。每年的三四月份,海牛会在水中进行生产,宝宝一生下来就可以垂直于水面进行简单的呼吸和换气,过一

034

小段时间呼吸才会平稳下来，可以自由地呼吸。在过去很长一段时间内，人们认为海牛是把小海牛的身体竖立起来抱着喂奶，跟人类喂奶非常相似。

说美洲海牛丑不是夸张，从它的外形来看，它确实有些丑。

首先，海牛的身材不好看。美洲海牛的身长在 2.5～4 米左右，而体重竟然达到了 150～360 千克，这个体重相对于它的身长来说显得十分臃肿。

其次，美洲海牛的五官长得也不好看。它的眼睛和耳朵非常小，镶嵌在那张大脸上显得极为不对称。它的嘴巴则是向下张开，嘴唇

还是属于上厚下薄的那种类型，就像半个月亮。而它的上嘴唇竟从中分成两瓣，看上去就更丑了。尽管这样的嘴巴很难看，但是使用起来却很方便，因为每一瓣嘴唇都可以单独地取食、活动，这也就意味着如果一瓣嘴唇不方便活动的时候，绝不影响它吃东西。

最怪异的是美洲海牛的鼻子，这个鼻子长在头上。鼻子上长着肌肉质的活瓣，这个活瓣就像一只瓶塞似的，当它需要到水面呼吸空气的时候，就会把"瓶塞"打开，当它想要回到水里的时候，就会把"瓶塞"盖上，以防止水进入鼻孔里以至于呛水。

再者，美洲海牛的皮肤也不好看。它背部的皮肤呈深灰色，腹部的皮肤颜色稍微淡一点儿，但也不好看。美洲海牛的皮肤不仅黑，还像大象的皮肤一样布满了褶皱。

虽然美洲海牛相貌丑陋，但是它却是一种性情温和的哺乳动物。它们喜欢群居生活，经常整个家族生活在一起。它们的主要食物是海水中的一些水草和藻类，偶尔也会吃一些小型的软体动物。美洲海牛之间很少会出现因为抢食物而打斗的行为，不仅如此，它们在见面以后还会用鼻子相互碰触来向对方示好。所以，美洲海牛的家庭生活相对来是比较和睦的。

另外，美洲海牛还是人类的朋友。它们的食量非常大，每天能食下大量的水草，吃起水草来像风卷残云一般，所以它们又被称为"水中除草机"。在热带和亚热带某些地区，如果水草疯长成灾，就会妨碍人类的正常生活，比如阻碍水电站发电，给人类带来各种疾病等等。但只要在那里放养一些美洲海牛，就不会担心这些问题了，它们会把这些烦人的水草一扫而光。

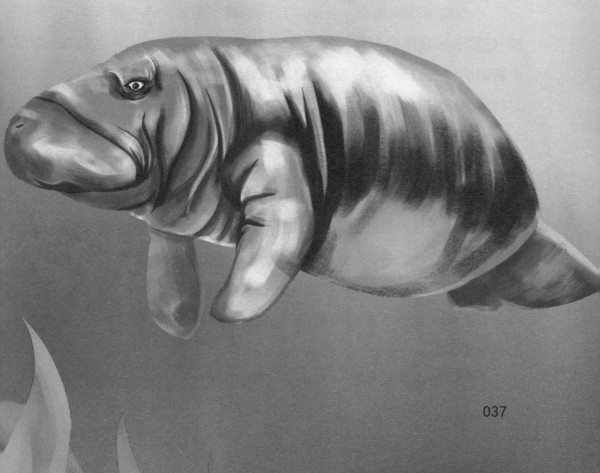

最小的哺乳动物——小鼩鼱

最大的哺乳动物是蓝鲸,那么最小的哺乳动物是谁呢? 它就是哺乳动物家族的小鼩鼱。

小鼩鼱属哺乳纲食虫目鼩鼱科鼩鼱属, 主要生活在欧洲的西部、俄罗斯和我国的东北以及西北地区。它的个头非常小,一般成年小鼩鼱的体长只有 4~6 厘米, 加上它的尾巴才有 8~11 厘米长, 它的体重跟它的体长非常相配,只有 3~5 克。

小鼩鼱的脑袋也很小很小,可能是因为这太小的脑袋没有办法装下很多东西,所以它的大脑与其他动物的大脑相比起来发育得有些不完整,智力比较低下。小鼩鼱的外形乍一看跟小老鼠很像,但是它的鼻子比老鼠的要长,嘴巴也还要再尖一点点。有意思的是,它竟然长了一口红色的牙齿。另外,它的眼睛跟老鼠的眼睛也差不多;两只小黑眼睛骨碌碌地转,真可谓是"贼眉鼠眼"。

小鼩鼱的全身毛皮呈褐色,不过腹部呈白色,皮毛柔软细密,摸上去手感很好。

小鼩鼱的主要食物是一些虫子。虽然身材娇小,它的食量却不

容小觑。这小家伙简直就是一只吃货，整天什么也不干，就是吃。一天下来，至少能吃下跟它的身体等量重的食物。最多时甚至一天能够吃下相当于它体重 3 倍量的食物。

小鼩鼱寿命很短，只有 14～15 个月，所以它要想繁殖自己的后代，就必须让自己在短时间内成熟起来。当小鼩鼱发育成熟后，雄性小鼩鼱就会站在雌性的洞口发出兴奋的叫声。如果雌性对雄性满

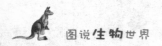

意的话,那么就水到渠成;如果雌性对雄性不满意的话,就会发出嘶叫,如果这样雄性还是纠缠不休的话,雌性就将嘶叫改为尖叫,总之一个目的,就是赶它走。

　　小鼩鼱的孕期非常短,只有 24～25 天,每年最多能生育两次,一次能生下 4～8 个宝宝。从这一点来看,它繁殖后代的力量还是挺大的。

　　值得一提的是,尽管小鼩鼱个子娇小,而且寿命非常短,但这并不意味着它对于人类或者其他动物来说就是无害的。小鼩鼱的唾液腺能够分泌出一种毒液,这种毒液的毒性是比较强的。科学家曾经拿这毒液做过一个实验,将这种毒液注入老鼠的体内,不到一分钟时,老鼠就进入了瘫痪状态。这种毒液虽然对人类不会造成生命危险,但是,人如果被它咬一口的话,也会出现手臂肿胀、剧痛的症状。

跳得最远的哺乳动物——袋鼠

在哺乳动物中，论跳得最远的动物，当数袋鼠了。

袋鼠，原产于澳大利亚和巴布亚新几内亚的部分地区，有些袋鼠种类属于澳大利亚特有物种。通常，这些可爱的袋鼠选择生活在澳大利亚热带的草地或者灌木丛当中，它们的主要食物就是草和灌木的枝叶，有的袋鼠还会吃一些真菌类。

在澳大利亚袋鼠聚集区域，严禁人类对该地区的环境进行破坏，一些工厂、污水及其他污染物，一概不能进入或流入袋鼠生活的地区。这些措施有力地保障了袋鼠需要的天然生存环境。

一般成年袋鼠的身高足足有 2.6 米，体重有 80 千克，相当于一个体格强健的男人的体重。它们毛发的颜色都为棕色中透着点白，耳朵不仅长，而且大，虽然没有兔子的耳朵长，但已经足够增强它们听力的灵敏度了，袋鼠的听力非常强，哪怕是很小的声音，它们也能听到。

袋鼠的耳朵虽然好使，但是它们的眼睛却不太好用，甚至说是非常差。再加上袋鼠对光线非常好奇，很多袋鼠都死在了人类的车

轮底下。澳大利亚人为了保护这些稀有动物，把一些画有袋鼠的标识放在路边以示警示。

每一只雌性袋鼠的肚子上都长有一个育儿袋，这也是袋鼠得名的原因。育儿袋是小袋鼠的乐园，它们从一出生后就在妈妈的育儿袋里生活，直到育儿袋容纳不了它们，它们才会从妈妈的育儿袋里出来。

袋鼠的身后托着一根长尾巴，这根尾巴，极具杀伤力，只要轻轻地一甩，就能够致人于死地。因此这也就成了袋鼠对付敌人的一个秘密武器。

对于所有的袋鼠来说，它们最大的特点就是不会走路，只能跳跃，所以它们通常都是以跳跃的方式来向前移动。袋鼠的前肢很短小，但后肢不仅长，而且非常强健有力，这就为它们的弹跳提供了先决条件，所以它们非常善于跳跃，最高能够跳到 4 米，最远能够跳 13 米左右。因此，这些可爱的袋鼠，在哺乳类动物中是当之无愧的跳远冠军。

短跑最快的哺乳动物——猎豹

了解了哺乳动物中的跳远冠军以后，接着来看一下哺乳动物中的短跑冠军——猎豹。

猎豹又被人们称为印度豹，主要分布在非洲和西亚。猎豹是一种食肉动物，以温顺的羚羊为主要食物。而它的天敌就是凶猛威武的狮子。见到狮子，猎豹只有逃命的份。与其旗鼓相当，通过肉搏战还能取得胜利可能的劲敌有斑鬣狗、鬣狗、缟鬣狗、土狼、花豹等。不过遇到这些劲敌，猎豹最多的还是选择走为上策。

猎豹，属于猫科猎豹属的一种哺乳动物。猎豹的外形跟一般的豹子差不多，不过它的身材要比普通的豹子更显苗条。它的四肢又

细又长,它脚上的爪并没有像一般的豹一样全部缩进去,而是直的。

　　猎豹的头又小又圆,它的脸部非常有意思,有两道像泪痕一样的黑线从它的眼角一直延伸到嘴边,这使它显得有那么一点点楚楚

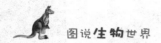

动人的模样。但是你千万不要小看这两道黑线,它对于猎豹来说有妙用,因为它能够吸收太阳光,从而使猎豹的视野更加开阔。

猎豹身上毛发的颜色非常漂亮,主打色是浅金黄色,在这个基础上还点缀了很多黑色的实心圆形斑点。另外,猎豹的背上有一道像马鬃一样的毛发,当猎豹奔跑起来的时候,这道毛发会像马鬃一样在猎豹的身上浮动,简直可以用"英姿飒爽"来形容。

猎豹最擅长的就是奔跑,它奔跑的速度非常快,能达到每小时115千米,有时能达每小时120千米,这相当于人类世界百米冠军的三倍。而它们的加速度更为惊人,据有关科学家计算,猎豹在短短的几秒钟内,能够使它的奔跑速度达到每小时100千米,这也就意味着它只需几秒钟的准备,就能够像离弦的箭一样飞出去。也正是因为有这个加速度,才能保证猎豹从静止到扑捉结束的时间只有2秒。2秒是怎样一个概念?正常的话,打个哈欠都不止2秒,猎豹居然可以在2秒内扑捉到猎物,这是何等的速度啊!

不过令人遗憾的是,猎豹虽然奔跑的速度非常快,但是它只能在短时间内奔跑,如果长时间奔跑的话,它血液中的酸度也会跟着提高,而它新陈代谢产生的温度会达到它身体难以承受的程度,甚至会让它丧命。因此,一般猎豹全速奔跑都不会超过5分钟,所以,它也就只能属于哺乳动物中的短跑冠军了。

最威风的哺乳动物——老虎

大家都知道《狐假虎威》的故事，故事中的那只狐狸之所以能够在大森林中横行霸道，最根本的原因就是它的身后站着森林之王——老虎。老虎是森林中最威风的动物。

老虎，又被人们称为大虫，是亚洲特有的一种哺乳动物。它原产于东北亚和东南亚，其中产自我国的华南虎是最古老的老虎。体形最大的老虎是圈养的西伯利亚老虎，它的身长达到 3 米多，其体重也达到了 400 千克。

在我国古代，老虎就被誉为"百兽之王"。我国古代记载风俗民情的《风俗通》一书中这样写道："虎者阳物，百兽之长，能执搏挫锐，噬食鬼魅。"因此，古人常常用老虎的威猛和攻击性，来形容人的威武勇猛。

老虎属于猫科动物，因此，它的长相与猫有些相似和共通之处，"老虎不发威，你以为我是病猫吗？"从这句俗话就可以看出，老虎的脸跟猫的脸有多相似。与猫脸不同的是，老虎的额头有个"王"字。也正因为如此，中国人才觉得老虎有王者之气，所以老虎被称为"森林

之王"。

　　虽然老虎有森林之王之称,但是它一开始并不是在森林中生活的。其实老虎适应环境的能力非常强,只要水源充足、食物充沛、环境利于隐蔽,它就能够在那里生活下去。

但是，后来由于人类的大量捕杀，老虎不得不躲进那些更便于隐蔽的深山老林中去。

老虎生性谨慎凶猛，像亚洲象、犀牛、花豹、野猪等这些攻击性非常强的野生动物，对老虎来说只是它口中的一道小菜。所以，当老虎退隐山林以后，毫无疑问地就走上了食物链的最顶端，除了人类以外，森林中的任何动物都拿它没有办法。因此，它当然要算森林中最威风的动物。

值得一提的是，老虎虽然是主要生活在森林里的陆地动物，却拥有高超的游泳技术，雌性老虎的游泳技术更为高超，当天气炎热的时候，它会跑到河里去游泳。

老虎还能够像猫一样爬树，虽然不经常爬，但是它那强健的后腿足以支撑它攀爬大树。

最强悍的哺乳动物——狮子

在自然界中,最强悍的哺乳动物莫过于狮子了。这种跟猫有着近亲关系的哺乳动物,以美丽的外形、英武矫健的身姿、内在的王者霸气和惊人的速度,赢得了"万兽之王"的美称。

狮子主要生活在非洲地区,喜欢在草原上生活,有时也会在半干旱的森林里居住,不太喜欢生活在雨林地带。

　　狮子身上的毛发比较短,但其脖颈处的毛发却威风凛凛。它身体的颜色呈现出黄色、浅灰或者茶色。

　　雄狮和雌狮身体的颜色差不多,可是它们的长相却有明显的区别。雄狮头上长着很长的鬃毛,这些鬃毛的颜色一般呈浅棕色、深棕色、黑色等,这些长长的鬃毛一直延伸到它的肩部或者胸部。这些鬃毛在雌狮的身上是看不到的。

　　另外,雄狮和雌狮在体形上也有些差别。雄狮的体形要比雌性体形大些,一般成年雄狮的身长大约在 1.7～1.9 米之间,这相当于一个成年男子的身高, 而它的体重远远要比一个成年男人重得多,体重大约170~270 千克;一般成年雌狮的身长为 1.4~1.7 米,体重为 110~140 千克,这样的体形让雌狮在雄狮面前显得娇小玲珑。

　　狮子喜欢群居生活。一般来说,一个狮群是由雌狮、雄狮、幼狮三部分组成,其中包括 4~12 只雌狮、幼狮,以及 1~2 只雄狮。而其中 1~2 只雄狮之间是有血缘关系的。

　　值得一提的是,在任何一个狮群当中,雌狮相对来说都是非常稳定的,从它出生一直到它死亡,一般来说都生活在同一个狮群当中。当然,一个狮群也会接纳新的雌狮。不过雌狮很少有从自己原来生活的狮群中离开的。雄狮则是经常轮换的,一只雄狮在狮群当中只能待 1~2 年的时间,就会被其他年轻力壮的雄狮赶走。

有意思的是，虽然雄狮在狮群中算是一个外来的客人，但是它们在狮群中却有着相当重要的地位。一般来说，狮群的捕猎工作是由雌狮来完成的，雌狮们捕猎不分时候，不管白天和黑夜，只要有猎物，它们都会立即出击。就捕猎的成功率来说，雌狮在晚上出击的成功率要高一些。这些雌狮捕获的都是一些比较大的猎物，比如羚羊、斑马等，有的时候会捕捉一些幼年的大象、犀牛等动物。像捕猎这种体力活儿，雄狮是不参加的，它只管在"家"里等着吃就行了。

虽然雄狮不参与劳动，但是它在狮群中有着极高的地位，它非常受雌狮的尊重，每次雌狮捕回来的猎物都是雄狮先吃，雄狮吃完以后，才由雌狮吃，雌狮吃完了以后，幼狮们才能够享用。

雄狮在整个狮群中担负着极其艰巨的任务，最首要的任务就是繁衍后代。狮群中，雌狮进入婚配状态是有很大的随机性的，所以雄狮这个时候就要保存好体力，以完成繁衍后代的任务。雌狮的孕期一般在 100～119 天之间，一次能生育 1～6 个狮宝宝。

除了繁衍后代，雄狮还肩负维护狮群安全稳定的任务。草原上还生活着很多流浪的雄狮，它们不仅盯着狮群中这些雄狮的位置，还盯着这些雄狮的后代，把其当作食物。

因此，雄狮为了维护自己的地位与后代的性命，不得不断地与那些草原上流浪的入侵者作斗争。

体毛最长的哺乳动物——麝香牛

对于大多数哺乳动物来说，它们的身上或多或少长有体毛。那么，你知道身上体毛最长的哺乳动物是谁吗？那就是麝香牛。

麝香牛，又叫麝牛，因为雄性在发情时能散发出一种跟麝香相近的气味而得名。麝香牛是一种生活在极地地区的大型食草动物，它们的主要食物是草或者灌木的枝条，到冬天没草的时候，就会从雪地里找出些苔藓来吃。一般成年麝香牛体长能达到 2 米左右，体重能达到 300 千克。

麝香牛从长相上来看是介乎于牛与羊之间的，它的外形长得像牛，而且它的角长得也像牛的角，但是它的耳朵非常小，四肢也比一般的牛短小，它的角并不像牛的角，从头顶侧面长出，而是像羊一样从头顶上长出来的。所以，说它是牛羊之间的过渡动物一点儿也不夸张。

麝香牛最有特色的地方就是它的体毛。麝香牛的体毛呈暗棕色，它的颈上背上都长满了这样颜色的鬃毛，这些毛的长度能超过 30 厘米，还有点儿卷曲，一直从它的后背拖到它的脚踝，看上去好像挺邋遢。它的长毛下边还长了一层丰厚的绒毛，这些绒毛称为毛丝，质地不仅坚韧，而且非常柔软。

　　麝香牛身上这些又厚又长又浓又密的体毛，为它生活在寒冷的北极苔原地带提供了先决条件。它的毛是世界上最密的自然纤维，保暖效果超乎想象地好，要比羊毛的保暖效果高出 8 倍，这使它们非常耐寒，所以哪怕它们生活在 −60℃ ～ −50℃寒冷气候中，也安

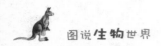

然无恙。

麝香牛的社会生活是非常有趣的，它们害怕孤独，喜欢群居生活。但即使群居，也不像其他群居动物一样大批地群居在一起，它们的群体一般只有几头或者十几头，最多的也不超过几十头。母牛和牛犊被公牛们围在中间，享受着弱势群体所特有的照顾和保护。

到了繁殖期的时候，公牛对自己群体中母牛和牛犊的保护就更加强了。麝香牛的繁殖期一般都在秋季，经过夏季的饱餐以后，公牛已经攒足了与其他公牛争夺母牛和牛犊的力气。这个时候，公牛脸上的麝腺里会流出很多带有麝香气味的分泌物，这些分泌物通过它们的腿黏在植物上，所有染上这些分泌物的地方就成了它们的领地，它们会把母牛和牛犊围在中间严加保护，只要其他公牛有一点点不轨的行为，它们就会全力地展开搏斗。

有的外来公牛非常狡猾，它们并不攻击牛群，而是凭着给自己足够自信的外表，站在牛群的外围向母牛示好。在牛群之中，有一些母牛会受不了这种特殊的诱惑，而偷偷地跟别的公牛私奔。

而此时，牛群里的公牛只能看着这些母牛跟随别的公牛而去，因为这个时候追击的话，其他的母牛可能也会像私奔的那些母牛一样离开。这样一来，整个牛群就会一哄而散，这对公牛来说是得不偿失的。

撕咬力最强的哺乳动物——袋獾

世界上撕咬力最强的动物是谁？很多人可能会想到狮子、老虎等这些看似非常凶猛的动物。

然而让人意外的是，狮子、老虎的撕咬力在袋獾面前是不值一提的，长得像小狗，它的撕咬能力非常强。据科学家研究发现，一只5千克的袋獾能够轻易地将一只30千克的袋熊置于死地，如此悬殊的力量对比，如果不是靠袋獾那种强而有力的撕咬是不可能的。所以它被公认为世界上撕咬力最强的哺乳动物。

袋獾，生活在澳大利亚的塔斯马尼亚省，是塔斯马尼亚岛上特有的一种动物种类。袋獾的体形又矮又胖，一般成年袋獾的体长只有52~80厘米，可是它们的体重却达到了4~11千克。它们的脑袋很大，却长了一条短尾巴，这看上去非常不对称。袋獾的体毛大多呈黑色，只有胸部和臀部的黑毛上会呈现几点白色。

袋獾也像袋鼠一样，是一种有袋动物，宝宝也是在它们的育儿袋里长大的。但是，与袋鼠或者其他有袋动物不同的是，袋獾的前腿要比后腿长，这使它们不用像袋鼠那样跳跃前进，它们可以像一般

动物一样在地上奔跑，这些小黑家伙跑得并不慢，它们奔跑的时速能达每小时 13 千米。

对于袋獾来说，灌木丛和高草丛才是它们理想的生活殿堂，所以它们会经常在这些地方出没。袋獾是一种喜欢昼伏夜出的动物，白天的时候或者窝在家里休息，或者在太阳底下晒太阳，到了晚上的时候才会四处觅食。

它们在地面行走的时候，一边行走一边寻找食物。它们的脸上和头顶都长有触须，这对它们寻找食物非常有帮助。袋獾是肉食动物，主要的食物是一些昆虫、老鼠和蛇，不过它们最喜欢吃的还是袋熊。当然了，它们也会吃些草类，不过那只是偶尔的事情。袋獾是吃肉不吐骨头的家伙，它们在吃猎物的时候，不仅要吃掉猎物的肉和内脏，就连动物的骨头和皮毛都会吞入肚子。

进食对于袋獾来说就是一种社交活动，它们有时候会聚在一起进食，进食的时候还会发出刺耳的叫声，这些叫声显示它们正在沟通呢。

当然，当众多袋獾一起进食时，争食的行为也常常发生，为了争夺食物，它们也会相互打斗。这些家伙在动怒的时候，身上会散发出一股难闻的臭味，那种气味据说比黄鼬放的臭气还要臭。

对任何一个物种来说，繁衍后代总是重中之中的大事，袋獾也不例外。一般袋獾长到 2 岁的时候，它们的身体各个方面已经发育成熟了。袋獾的交配期在每

年的 3 月份,这个时候,很多雄性的袋獾要用打斗来争夺交配权。

雌性的袋獾是一种产仔较多的动物，它们的孕期为 31 天,每一胎都能够产 20~30 个幼崽。有意思的是,这些幼崽的个头都非常小,只有米粒那么大。这些幼崽被产下以后,会被它们的妈妈统统放在育儿袋里边。然而遗憾的是,雌性袋獾育儿袋里的乳头只有 4 个,这也就意味着,这么多的小袋獾只有 4 个会在妈妈的哺育下长大,而其他的都会在育儿袋里夭折。

幸存下来的小袋獾在育儿袋里生活 105 天以后,它们就要离开这种特殊的保护,来到母巢里活动了。这些小家伙在母巢里活动的时间也是有限的,一般只有 3 个月左右,当第二年的 1 月份的时候,它们就会出去独立生活。

个子最高的哺乳动物——长颈鹿

　　一提到世界上个子最高的哺乳动物,很多人的脑海里可能会浮现出这样一种动物:它长长的脖子,短短的角,身上布满的斑驳的花纹,每天悠闲地在草原上散步。说到这里,你一定猜到它是谁了。没错,就是长颈鹿。一般的长颈鹿成年之后有6米多高,是人类身高的3倍多,堪称动物界的姚明。

　　长颈鹿喜欢生活在非洲热带和亚热带一望无垠的大草原上,它们像牛一样,是一种反刍动物。什么是反刍呢?就是动物把食物吃到肚子里一段时间后,又将那些没有被消化掉的食物返回到嘴里继续咀嚼。

　　长颈鹿除了个子长得高以外,外貌也非常奇特。不管是雄性长颈鹿还是雌性长颈鹿,它们的头顶都长着一对毛茸茸的小角,这对小角会伴随长颈鹿的一生,永远不会脱落。除了头上的小角,长颈鹿的眼睛也长在它们的头顶,这非常适合它们向远处眺望。

　　除此以外,长颈鹿的全身上下还长满了棕黄色网状的斑纹,就像裹了一身棕黄色的网状丝袜一样。

长颈鹿最奇特的地方就是脖子特别长。长颈鹿的颈椎骨的数量跟其他动物是一样的,但是它们的骨头节却非常长,每块骨头节差不多都能够达到 60~70 厘米。这么长的脖子给长颈鹿生活提供了很多方便。

首先,在非洲的大草原上,当地面的草枯萎,树木的下半部树叶也开始枯黄的时候,很多动物就没有食物吃了,但是长颈鹿却能轻而易举地吃到树干高处的叶子,不用忍受饥饿的痛苦。

其次,俗话说:"站得高,看得远。"长颈鹿的长脖子加上小脑袋,真的很像一个眺望台,这能让长颈鹿能观察到很远处的敌情,给它们逃脱敌人的追捕提供了时间。

当然,长脖子在给长颈鹿带来方便的同时,也给它们带来了很多不便。由于长颈鹿的颈椎骨比其他动物的要长很多,这样一来,脖子就很难做出很灵活的动作,比如弯曲起来很困难。加上身体小,脖子长,摔倒之

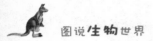

后,想要爬起来很难。

也许你会问,为什么长颈鹿的脖子会这么长呢?其实长颈鹿的祖先,它们的脖子并没有这么长。长颈鹿脖子的长度之所以会发生变化,完全是因为生活环境造成的。

长颈鹿的祖先当时生活的环境不仅优美,而且地面上的食物资源非常丰富。随着自然环境的变化,出现了干季和湿季两极分化,地面上的草开始枯萎甚至死亡,脖子短的那些动物只能吃到树木最下面的叶子,慢慢地就饿死了,脖子长的动物比如长颈鹿可以吃到高处的叶子,就存活下来。经过一代代的演变,慢慢地,长颈鹿的脖子就变成了如今我们看到的这模样。

长颈鹿虽然很高大,但是它们并没有凭着这样的优势去欺负那些弱小的动物。它们经常跟斑马、羚羊之类的动物一起玩耍。不仅如此,长颈鹿凭借自己的优势被选为动物家族的放哨兵,负责观察敌情,一旦出现危险的情况,它就会通知大家赶紧四下逃跑。有意思的是,别看长颈鹿散步的时候慢吞吞的,可是它跑起来却非常迅速,能够以每小时72千米的速度奔跑。

看似温顺的长颈鹿四条腿上却长了四个像铁锤一样的蹄子,这也是它对付敌人的有力武器。长颈鹿的"铁蹄"极具杀伤力,能够一下将狮子的肋骨踢断。

胆子最大的哺乳动物——蜜獾

你惧怕眼镜蛇吗?

很多人看到这个问题都会唏嘘地说,眼镜蛇谁不怕啊!可是你知道吗,眼镜蛇,这种让我们毛骨悚然的的家伙,居然会败在一种小型动物的手中!这种小型的动物就是以"世界上最无所畏惧的动物"收录到吉尼斯世界纪录的蜜獾。

蜜獾,主要生活在非洲、西亚和南亚等地区。这些小家伙对生活环境没有什么特别的要求,茂密的雨林,广阔无垠的草原和清澈的水边,它们都可以安家。

蜜獾是一种小型的哺乳动物,它们的身体长度大约 60~102 厘米,就跟普通的家狗差不多大,甚至还没有家狗的体形大。蜜獾背部毛发的颜色为灰色,这些毛发非常粗糙。在粗糙的毛发下边,是蜜獾坚厚的皮肤。这种毛发和皮肤对于蜜獾来说是有好处的,可以帮助它们抵御蜜蜂的袭击。蜜獾身体非常强壮,头部较宽,眼睛很小,单单从外表上观察是看不到它的耳朵的,平平的鼻子静静地躺在蜜獾的脸上,看上去很是安静。

　　蜜獾是一种杂食性动物,各种食物在它们眼中都是美味,比如小型的鸟类、昆虫、蚂蚁等,都会被它们用来填饱肚子。这些家伙最喜欢吃的是蜂蜜。

　　蜜獾寻找蜂蜜依靠一种名为黑喉响蜜䴕的鸟,两者的合作非常有意思。寻找蜜源对于蜜獾来说可能不太容易,可是对于黑喉响蜜

鴷来说却不是一件难事儿,它们
能够轻而易举地找到蜂蜜在哪
儿。黑喉响蜜鴷找到蜂蜜后就会发出
叫声来通知蜜獾,蜜獾听到黑喉响蜜鴷的叫声后,会尾
随其后,同时也发出一系列声音附和。

取食蜂窝里的蜂蜜对于黑喉响蜜鴷来说是件难事
儿,可是对于蜜獾来说确是再简单不过。蜜獾的爪子强
壮有力,三下五除二就把蜂窝掰开,吸食到里边的蜂
蜜。而蜜獾为了报答黑喉响蜜鴷,也会适当地留一些蜂
蜜给它们。

最让人不可思议的是,蜜獾居然还敢吃蛇。一只大
蜜獾在半个小时之内,能将一条2米长的蟒蛇吃掉。最
让人吃惊的是,这些家伙居然对带有剧毒的眼镜蛇也
毫无畏惧,照样能把它们吃到肚子里。

蜜獾与眼镜蛇的大战真的可以用别开生面来形
容了。

很多眼镜蛇都喜欢在树上晒太阳,这时蜜獾就踩
踏着树枝慢慢地向它们靠近。当眼镜蛇察觉到危险的
时候,蜜獾已经离它们很近了。而此时的眼镜蛇唯一能

做的就是一边后退，一边吐着信子来吓唬蜜獾，它以为这种示威动作能够将蜜獾吓退。

可是蜜獾根本不怕，它照样一步步地靠近眼镜蛇，眼镜蛇也只能一步步后退，一直退到树枝的末端，从树枝上掉下去。此时蜜獾就会趁眼镜蛇快要掉下去的时候，迅速地跑到地上。当眼镜蛇掉到地上的瞬间，蜜獾就会从眼镜蛇的头后侧一口咬住，然后大口地咀嚼起来。眼镜蛇挣扎不了几下就进了蜜獾的肚子。

胆子最小的哺乳动物——树鼩

前边介绍了胆子最大的哺乳动物,那么胆子最小的哺乳动物是谁? 当数树鼩了。

树鼩的最大特点就是胆子小, 生活环境只要一发生什么动静,它就会受到惊吓,马上紧张起来。更不可思议的是,如果它长期受到惊吓的话,体重会开始下降,睾丸变小,臭腺停止发育。臭腺这个东西千万不可小看,假如没有它的话,树鼩就会把自己刚生下来的幼仔吃掉,从此生育能力也会丧失。这还是轻的,如果严重的话,还会导致死亡。

树鼩是一种小型的哺乳动物, 主要生活在东南亚地区灌木丛中。树鼩的身体非常小,只有 20 厘米左右。这么小的身体,体重也重不到哪儿去,只有 120～150 克。

别看树鼩的个头不大,却长了一条比较长的尾巴,一般树鼩的尾巴长到 16 厘米左右,长尾巴上的毛发非常蓬松,就像松鼠的大尾巴似的那么漂亮。

树鼩与松鼠也有些相像。它的耳朵很短,嘴巴却又尖又长,嘴巴里边长有细小的牙齿，除了犬齿以外，还长有臼齿，臼齿要比犬齿宽大。树鼩体表毛发的颜色会因品种的不同而发生变化，比如云南亚种树鼩的毛发颜色为橄灰色，它的肩部会有淡白色的条纹，而海南亚种树鼩的毛发虽然也是橄灰色，肩部却没有明显的条纹。

　　树鼩一般喜欢在早晨和傍晚的时候活动，很少在

中午出来活动。树鼩的食物主要以虫子为主,有时候也会吃一些小鸟或者鸟蛋等,实在饿得没有办法了,也会找一些谷子、野果或树叶来吃。树鼩也特别喜欢吃甜食。

　　树鼩的繁殖期在每年 4~7 月份,这个时间气温非常温暖,适宜于它们养儿育女。雌性树鼩与雄性树鼩交配后，只需要经过约 45 天的时间，小宝宝就会从妈妈的肚子里爬出来。

刚一出生的小树鼩很可爱，皮肤粉红粉红的，眼睛并没有睁开，微微地闭着，只会轻微地蠕动。等到五六天之后，小树鼩的皮肤开始变黑，然后长毛，14 天后几乎能睁开眼睛了，大约在 21 天之后就会来回走动了。

小树鼩长到六个月大的时候，就能发育成熟。这个时候，它们就可以繁殖自己的后代了。

哺乳动物里的另类

关键词：犰狳、鸭嘴兽、蝙蝠、麋鹿、睡鼠、小熊猫、大食蚁兽、马、刺猬、薮犬

导　读：哺乳动物家族中，有这么一群与众不同者，它们有各自的特点与个性，以致于它们在整个哺乳动物家族中显得十分独特。

犰狳：哺乳家族里的"盔甲武士"

提到披盔戴甲的动物，不少人会想到那些有贝壳的软体动物，有了这一层坚硬的外壳，那些软体动物使天敌束手无策。

可是你知道吗，身上长着一层天然铠甲的可不仅仅是这些软体动物，有一种哺乳动物也是披盔戴甲的，这种动物名叫犰狳，被人们称为哺乳家族里的盔甲武士。

犰狳，又被人们称为凯鼠，它还有一个名字，叫披甲猪。犰狳是生活在南美洲和中美洲的一种珍稀动物，它们喜欢在树林、草原和沙漠地带生活。小犰狳的体长约为 12 厘米，大犰狳的体长最长可达 100 厘米。

犰狳的外形与其他哺乳动物最大的不同之处在于，它全身上下都披上了一层坚硬的铠甲。这一层铠甲是由很多的小骨片组成的，每一片小骨片上都长了一层坚硬的鳞甲。这为犰狳自我保护提供了方便，当它们遇到危险的时候，可以把自己的身体缩成一个球状。面

对一个坚硬的球体,它们的天敌再厉害也无从下口了。

犰狳虽然有了一层厚厚的铠甲,但是对于它们来说,有个房子替它们来遮风挡雨也是必不可少的。犰狳是一种穴居动物,它们通

常会在杂草丛生或灌木茂盛水源充足的地方来挖掘洞穴。犰狳的洞穴往往非常狭窄，直径一般在 20~25 厘米。洞穴虽然有点儿狭窄，里边却布置得十分温馨。犰狳会在巢穴里放一些柔软的树叶或者干草等，这样休息的时候才会觉得舒服。一只犰狳通常要打好几个洞穴，所以它们也算是多房户了。

犰狳是一种昼伏夜出的动物，白天的时候躲在舒服的洞穴中睡大觉，等到晚上的时候才出来寻找食物。

犰狳的食物是多种多样的，一般情况下，它们喜欢吃一些昆虫类的小动物。当昆虫供不应求的时候，它们就会寻找一些其他的食物，比如一些小型的蜥蜴、青蛙、蟾蜍等，都会成为它们的美餐。犰狳还爱吃其他动物的卵，尤其喜食蛇卵。当然了，没有蛇卵的时候，一些鸡蛋、鹌鹑蛋，它们也照吃不误。

犰狳繁殖后代的最佳时期在每一年的夏末秋初，每当这个季节来临时，雄性犰狳就会寻找雌性配偶。到第二年三四月份的时候，它们的后代就会出生了。这些刚出生的小家伙发育得都非常好，除了身体比较小、甲胄有点儿软以外，它们的模样跟父母没有什么差别。一般出生几个小时的小犰狳可以跟着它们的妈妈四处寻找食物了。

犰狳的天敌是狗、美国山猫、熊等这些比它们稍微大一些的动物。犰狳逃生的方式很多，除了能够利用盔甲来保护自己外，还会伪装和逃跑。

　　别看犰狳长了一身厚重的铠甲，但这绝不影响它们奔跑的速度，当它们遇到天敌的时候，它们照样能够飞快地逃走。

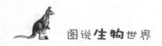

鸭嘴兽：破壳而出的动物

胎生是哺乳动物一个非常重要的特点，可是你知道吗，并不是所有的哺乳动物都是从妈妈肚子里出来的，有的哺乳动物是经过卵的孵化而出生的。这种奇特的哺乳动物就是鸭嘴兽。

鸭嘴兽是一种非常古老的哺乳动物，早在 2500 万年前它们就已经在地球上生活了。鸭嘴兽生活在澳大利亚，是一种两栖哺乳动物，喜欢在水畔穴居。

鸭嘴兽是一种非常奇特的动物，曾经被人类称为不可思议的动物。那么，鸭嘴兽到底怎么不可思议呢？

首先，鸭嘴兽的长相非常奇特。

鸭嘴兽长了一个非常不平凡的外表。鸭嘴兽是一种小型的哺乳动物，身体长度在 40～50 厘米，身躯虽然娇小，可是体重并不轻，一般成年雄性鸭嘴兽的体重在 1000~2400 克，而雌性的鸭嘴兽的体重则在 700~1600 克，身躯由一层软褐色的短毛包裹着。

鸭嘴兽的脑袋和四肢长得也不一般，它们的脑袋很小，甚至比刺猬的脑袋还小，小脑袋呈半球的形状。另外，鸭嘴兽的四肢也非常短小，四肢的末端也像其他哺乳动物一样长有脚趾，不过脚趾之间有脚蹼，这能够让在它们在水中行动自由。

最奇特的是鸭嘴兽的嘴巴，鸭嘴兽的嘴巴又扁又长，就像鸭子的嘴巴似的。也正因为如此，人们才称它们为鸭嘴兽。鸭嘴兽虽然长了奇特的嘴巴，可是却没有牙齿。

正是因为鸭嘴兽没有牙齿，所以它们捕食吃东西别具一格。鸭嘴兽的主要食物是小虾米、昆虫的卵等。鸭嘴兽会在水中将这些食物逮到，由于没有牙齿，它们并不能像其他水生动物一样在水中就将这些食物吃掉，它们会先把这些食物藏在腮帮子里，等捕捉的食物量差不多了，它们就把头探出水面，用嘴巴的上下颌骨来将食物压碎食用。

其次，鸭嘴兽的生殖繁衍方式非常不可思议。

对于一般哺乳动物来说，它们的后代都是从妈妈的肚子里生出来的，然后喝妈妈的乳汁长大。而鸭嘴兽却有些不同，它们是一群卵生的家伙。

鸭嘴兽的繁殖期在每一年的春季，每当春暖花开的时候，鸭嘴兽就会在水中相互追逐嬉戏，这是它们一种谈情说爱的方式。经过交配后的雌性鸭嘴兽便开始忙碌了，它会先在水底找一个安全的地方，在这个地方挖一个洞穴，这个洞穴非常长，大约在 20 米左右，

这是它精心为后代打造的。鸭嘴兽妈妈会在洞穴里产下 2~3 枚卵，这些卵跟乌龟的卵有些相似。接着，鸭嘴兽妈妈就趴在这些卵上，用自己的体温将小鸭嘴兽孵出来。

破壳而出的小鸭嘴兽并不像其他卵生动物一样靠妈妈寻找食物来补充营养，它们补充营养的方式，是食母乳。鸭嘴兽妈妈虽然没有乳房和乳头，可是它的腹部两侧能够分泌乳汁，小鸭嘴兽就是靠舔食这些乳汁来补充营养。

再者，鸭嘴兽的自我保护方式有些不可思议。

对于一般的哺乳动物来说，都是用逃跑的方式来躲避敌害。可是鸭嘴兽却是个例外，它们靠的是自身的毒素。

雄性鸭嘴兽的脚掌下面长有小倒钩，这些小倒钩能够在交配的季节分泌出毒素。这种毒素的毒性非常强，几乎跟蛇毒不相上下，如果人类被它们伤到的话，会感到剧烈疼痛，这种疼痛持续的时间非常长，好几个月才会消失。

除了雄性鸭嘴兽以外，雌性鸭嘴兽也能够分泌毒汁，不过，当它们长到 30 厘米左右的时候，这种本领就会消失。

怎么样？鸭嘴兽够不可思议了吧。

不过令人遗憾的是，这种不可思议的动物，如今数量越来越少了，以致于成了一种濒危动物。为了能够让它们很好地在地球上生活，澳大利亚政府已经将它们列为国家的保护物种，以防止它濒临灭绝。

蝙蝠：有点像鸟的飞行家

　　飞行对于那些长有翅膀的鸟类来说是一件非常容易的事情，但对哺乳动物来说，却是个难事。然而，万事都没有绝对的，有的哺乳动物就可以飞行，它就是哺乳动物家族的蝙蝠。

　　蝙蝠在哺乳动物当中可算得上一种传奇动物了，它们在地球上分布非常广泛，除了两极和一些偏远的岛屿之外，地球的各个角落都有它们活动的身影。蝙蝠的种类也是多种多样的，不同种类的蝙蝠，身体的毛发呈现出不同的颜色，但多数蝙蝠背部的颜色都会呈现浓淡不同的黑色、棕色、灰色等。

　　蝙蝠的长相相当特别，它们的外耳不仅大，而且还向前突出，灵活性也非常好，这样一来，无疑增强它们听力的灵敏度。蝙蝠的嘴巴很有特色，跟狐狸的嘴有点儿相似。蝙蝠的鼻子最难看，跟猪鼻子差不多。如此不美观的五官，如果镶嵌在一张光滑的脸上也不算太难看，然而遗憾的是，蝙蝠的脸不仅不光滑，而且满脸褶皱，看上去就像个五官奇特的小老太太。

　　这么丑陋的哺乳动物却拥有一项很多哺乳动物望尘莫及的本

领，那就是飞行。蝙蝠能够拥有如此神奇的本领，最主要的原因就是因为身上长有一种特殊的装备——蝙蝠翼。

　　蝙蝠翼和鸟翼不同，它是由蝙蝠的前肢进化而来的，是由爪子之间的皮膜连接而成的，蝙蝠就是靠这种皮膜在空中滑翔飞行。除了长有蝙蝠翼以外，蝙蝠还长有发达的胸肌和锁骨，这也能够帮助它们飞行。最值得一提的是，蝙蝠的鼻子部位有个"鼻状叶"的结构，可不要小看它哦，它可是一种特神奇的超声波装置，能够发出高频

率的超声波。超声波遇见阻碍物会反弹回来,被蝙蝠的耳郭吸收,然后在大脑里进行详细的分析。据说分辨率极高,蝙蝠根据这些回音,不仅可以判断自己要飞翔的方向,还可以清晰地辨别出障碍物。

蝙蝠不仅长相特别,生活习性也与其他哺乳动物不太一样。主要表现在以下几个方面:

第一,蝙蝠是一种昼伏夜出的哺乳动物。白天的时候,它们将身体倒挂在山洞、建筑物或者树上休息。到了晚上,它们就在半空中飞行寻找食物。蝙蝠是一种杂食动物,因此,它们寻找的食物也非常广泛,像花粉、昆虫、果实等,都是它们的美味佳肴。

第二,蝙蝠是一种需要冬眠的动物。每当寒冷的冬季来临时,蝙蝠就会躲进洞穴中冬眠。这时,它自身的新陈代谢能力明显下降,与此同时,它的体温也会下降,一直降到和外界温度差不多为止。蝙蝠虽然冬眠,但是它并不像蛇和青蛙那样不吃不排,蝙蝠的冬眠属于浅度的冬眠,它在冬眠的过程中还要进行必要的排泄和饮食,等冬眠结束,一切恢复正常。

最后,蝙蝠是一种繁殖力并不强的动物。它们偶尔还会出现延迟受精的情况,它们冬眠前的交配并不发生受精,精子在雌蝙蝠生殖道里过冬。到第二年春天冬眠醒来,经交配的雌蝙蝠才开始排卵和受精,然后怀孕、产仔。

麋鹿:奇特的"四不像"

《封神演义》中,姜子牙的坐骑叫"四不像"。很多人对这种动物感到好奇,它的角像鹿,脸像马,脖子像骆驼,尾巴像驴。那么它到底是一种什么动物呢?现实世界中有这种动物吗?还是被人虚拟出来的一种生物呢?

其实,现实世界中有这种动物,它的学名叫麋鹿。此外,它还有个很洋气的外国名字,叫大卫神父鹿。在我国,这种动物也称为四不像。

麋鹿是我国特有的一种哺乳动物,喜水,一般生活在我国的中部、东部一些靠近水源的地区。生活在这里的麋鹿,主要食物以青草或水草为主。

麋鹿是一种大型动物,一般成年麋鹿身体长度能够达到 2 米左右,身高可达 0.8 米,体重约 250 千克。

麋鹿最神奇的地方在于它的皮毛会自动变色。当寒冷的冬季来临的时候,麋鹿身上的毛发会换成灰黑色。当炎热的夏季到来的时候,它们的毛发会变成好看的红棕色,夏季脱毛后转变成红棕色。那么,麋鹿为什么不厌其烦地来调换自己毛发的颜色呢？这和麋鹿生活的环境和自身的体温需要有关系。麋鹿在寒冷的冬季换上灰黑色的毛发,不仅能够帮助它们适应冬季灰暗色调的生活环境,便于它们隐蔽,还能够帮助它们保暖;而夏季换成棕红色的毛发,则是帮助

它们适应夏季的生活环境,同时也有助于它们身体散热。

　　麋鹿不仅能够不厌其烦地换毛,还要换角。当然了,这个习惯也

只针对于有角的雄性麋鹿，因为雌性麋鹿是不长角的。雄性麋鹿的角跟雄性梅花鹿的角有些相似，它们的角长在头顶的两侧，每个角干上长有前后两根分支，每个分枝上再长一些小叉，看上去就像两个落光叶子的小树枝一样。这些角在每年冬季的时候开始脱落，等到来年又会长出一对新的。

生儿育女对于麋鹿来说也是一件大事。麋鹿的发情期一般在每年的 6~8 月。发情期的雄鹿脾气非常暴躁，它们会不时地发出阵阵发狂的叫声。如果仅仅是叫两声，这算是一些比较温和的麋鹿，有的麋鹿会用它们的角挑地，有的在地上翻滚，有的甚至大打出手。而当雌性麋鹿接受了雄性麋鹿的求爱后，它们就会迎来怀孕期。麋鹿的孕期一般在 270 天左右，也就是说，麋鹿妈妈也经过 9 个月的孕期，等到来年四五月份的时候才可以看到它们的宝贝。

麋鹿宝宝刚出生的时候体形非常小，只有 12 千克左右，不过它们长得非常快，等到 3 个月大的时候，它们的体重就会达到 70 千克了。

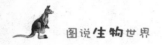
睡鼠：睡不醒的懒虫

有一种动物特别爱睡觉，那就是以贪睡出名的睡鼠。

提到睡鼠，很多人会想起《爱丽丝漫游仙境》中那只整天昏昏欲睡的大睡鼠。睡鼠真的那么爱睡觉吗？没错，睡鼠的寿命大概只有 5 年左右，可是在这 5 年当中，这些家伙会用四分之三的时间来睡觉，真是当之无愧的睡神。

睡鼠，又被人们称为睡林鼠，它们主要生活在欧亚大陆及非洲地区阔叶林、针叶阔叶混交林或者山沟灌木丛中。

睡鼠属于啮齿目的一种小型哺乳动物，体长 8.5 ~ 12 厘米，体重也只有 30 ~ 100 克，说得夸张一点儿，这些小家伙的体重还没有一个苹果重。

睡鼠的外形跟一般的老鼠有些相似，不同的是，睡鼠的尾巴上有呈鳞状的皮毛。睡鼠的毛发颜色跟一般的老鼠也有所不同，睡鼠背上毛发的颜色为赤褐色或者灰褐色带黄色，肚子上毛发的颜色则以浅色调为主，如有的睡鼠肚子上毛发的颜色为灰白色，有的为浅黄色，有的为污白色等等。总之，这些小家伙看上去毛茸茸的，非常可爱。

　　睡鼠的生活习性跟一般老鼠也差不多，它们也喜欢白天休息，晚上出来活动。大多数的睡鼠生活在树上，白天的时候它们会在树上休息养精神，等到了晚上，它们会利用身体轻盈灵活的特点，在树上不断地攀爬。

　　睡鼠在黑暗的夜晚凭借敏锐的听力，不仅有利于它们相互之间沟通，还便于它们在夜间寻找食物。睡鼠是杂食性动物，所以它们寻找起食物来并不费事儿，一些植物的果实、花朵、小昆虫等，都是它们口中的美味。睡鼠的牙齿非常锋利，能够咬破坚硬的坚果，而牙齿却丝毫无损。

　　睡鼠以贪睡出名，它们还有一个很长的冬眠期。睡鼠的冬眠期一般有六七个月，这比一般动物的冬眠期都要长。

　　每当秋天来临的时候，睡鼠就已经做好了冬眠的准备，它们除了准备冬眠中吃的食物，还在一些茂密的草丛、灌木林里搭建冬眠的小窝。等寒风刚刚吹过来的时候，这些小家伙就会躲进窝里开始漫长的睡觉，这一觉非要睡到来年的四月份才会醒来。

　　当然，它们在冬眠的过程中，也有可能会被冻醒，不过它们醒了以后，会适当地运动，类似于做个热身操，之后又会继续大睡。

　　等冬眠结束之后，睡鼠醒来的第一件事就是赶快去找食物。一

些多汁的植物花朵和嫩芽,成为睡鼠最爱吃的美食。

值得一提的是,在睡鼠生活的地区,由于气候变暖,一些植物提前开花结果实,这样一来,会影响睡鼠的冬眠时间,它们会根据果实的成熟季节而改变自己的冬眠长短。

等吃饱食物之后,雄性睡鼠和雌性睡鼠开始各自寻找自己心仪的对象,并繁衍后代。由于睡鼠天生繁殖能力不是很强,所以,每次睡鼠妈妈只能生仔1~7只,一般3只居多。

别看睡鼠整天昏昏欲睡的样子,它们对付敌人的时候却异常机灵。它们有一套奇特的逃遁本领。

很多人认为,不管抓什么动物,只要抓住它们的尾巴,动物就很难逃脱。但是,如果有人想用这种方法来对付睡鼠,就太困难了。当睡鼠的尾巴被抓住后,它会迅速地将外皮蜕去,逃之夭夭,而你只能拿着一张皮在那儿愣愣发呆了。

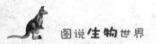

小熊猫：像熊又像猫的小可爱

大熊猫是家喻户晓的国宝明星。除了大熊猫，还有一种动物长得像熊又像猫，这种动物虽然跟大熊猫不是一个物种，可是凭着它们的长相，人们叫它们小熊猫。

小熊猫生活在我国西南地区亚高山丛林中。在云南地区，人们又称它为金狗；在四川地区，人们称它为山地闷儿。这些称呼不仅源自这些小家伙的长相，也源自这些小家伙的生活习性。

从长相上来看，小熊猫是一种可爱的小型哺乳动物，它们的身长大约50厘米，体重大约有6千克。长得有点儿像猫又有点儿像熊，但又跟猫和熊有所不同。

小熊猫整个身体呈现红褐色，四肢呈棕黑色，脸部毛发的颜色还夹杂着一些白色的斑点，此外，它们的嘴巴和耳朵边缘也有少许的白色出现。小熊猫最出色的部位是它们的尾巴，这条长尾巴毛发的颜色是棕白相间的九节环纹，上边的毛非常蓬松，看上去非常漂亮。小熊猫就是拖着这样一条美丽的大尾巴在树林中穿行的。

小熊猫是一种昼伏夜出的动物，白天的时候，它们一般会在树枝上或树洞里休息,等到天快要黑的时候,它们才会出来活动。即使这样,它们活动的时间也不会很长,只在接近晚上的这几个小时活动。另外,这些小家伙对生活环境十分敏感,它生活环境的温度一定要在 17℃~25° C 之间,一旦超过这个界限,它将无法忍受,因此它喜欢在阴凉的树荫下休息,用叶子遮盖自己,以防止被晒。

小熊猫喜欢独居,很少有成对或者家族群居,一般只有一只小熊猫在自己的洞穴里居住。有意思的是,这些家伙在活动的时候却不喜欢单独活动,都是数只小熊猫结群而出。既然是集体活动,那么交流肯定是不可避免的,这些小家伙在叫的时候会发出"吱吱吱"的声音,它们就是通过这些奇怪的叫声来相互交流。

任何动物活动的最大目的是为了填饱肚子，小熊猫出来活动的目的也是为了寻找食物。小熊猫是一种杂食动物，喜欢吃竹笋、植物的嫩枝叶、野果子、小鸟、小昆虫以及小老鼠等。小熊猫在发现食物后，会很开心地用前肢把食物直接送入口中。除此之外，它们喝水的习惯非常讲究，一定要先用前掌沾水，然后用嘴巴舔舐，就像在品尝一种上好的美味一样，表现出一种很享受的样子。

小熊猫是一种性情温和的小动物，很少发脾气，但如果你招惹了它，它就会发出"嘶嘶"的声音，以表达它的愤怒，或者对着你吐唾沫星，或者发出一种与众不同的"咕哝，咕哝"的声音。

繁殖后代是小熊猫的大任务，它们的发情期在每年的 3～4 月，这个时候它们会发出求偶的叫声。雌性小熊猫经过交配以后，会迎来它们的孕期。小熊猫的孕期是 3~5 个月，经过不太漫长的孕期以后，小熊猫宝宝就会在小熊猫妈妈的百般呵护下出生了，一般一只雌性小熊猫一胎能够产出 1~3 只小熊猫。

大食蚁兽:爱吃白蚁的长舌怪

在我们的印象当中,哺乳动物的舌头一般都是短而大的,可是有一种动物的舌头却是又细又长, 舌头的长度能够延伸到 61 厘米,可是宽度却仅仅有 1~1.5 厘米,这种动物就是爱吃白蚁的大食蚁兽。

大食蚁兽是一种生活在中美洲的哺乳动物,喜欢生活在中美洲草原、落叶林和雨林地区。大食蚁兽是一种较为大型的哺乳动物,体长约 1.8~2.4 米。虽然大食蚁兽的体形较长,但是它的体重却不太重,成年大食蚁兽的体重约 29~65 千克。如果拿它的身体长度和体重相对比的话,大食蚁兽还算是一种身材苗条的动物。

大食蚁兽身上的毛发以黑灰色为主,里边还带点儿棕褐色。前肢的毛色稍微浅一些,以灰白为主。此外,两条镶着白边的黑色条纹,纵贯它的喉部、肩部以及背部。

大食蚁兽是一种长相怪异的动物,它的头部、身体、四肢、尾巴都显得那么地与众不同。

大食蚁兽的脑袋又细又长,光它的头骨长度就有 38 厘米。细长的脑袋上长着微小的五官,它的耳朵、眼睛、鼻子都很小。大食蚁兽的嘴巴细而长,其粗细跟一支铅笔差不多,长长的呈圆锥管状,只有这样的嘴巴才能够将它那细长的舌头收藏在里边。

　　大食蚁兽是没有牙齿的,吃东西只依赖它的长舌。大食蚁兽的舌头上充满肌肉,能够帮助大食蚁兽完成复杂的捕食工作。大食蚁兽在捕食白蚁的时候,它的唾液分泌腺会先在舌头上分泌出一层浓浓的唾液,然后把这长长的舌头伸进蚁穴中,白蚁就会被粘在这条舌头上,并被大食蚁兽送进嘴里。

　　大食蚁兽的躯干也很怪异,它的背部高高隆起,隆成一个拱形。如果它能够站立起来的话,就会像一个驼背的老人。

　　大食蚁兽的四肢也非常有意思,它的一对前肢粗壮有力,而一对后肢却比较短小。大食蚁兽的四肢上都长有 5 个脚趾,其中前肢

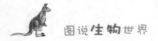

的 4 个脚趾上长有锋利的钩爪，尤其是中趾上的钩爪异常锋利，这是它用来寻找食物和保护自己的主要武器。不过这些钩爪也给它带来了一些烦恼，比如走路的时候，由于钩爪太长，前脚掌无法接触地面，只能把长爪弯曲，结果走起路来好像一瘸一拐似的，很有意思。

大食蚁兽的尾巴也长得很怪异，长长的尾巴，上毛发特别蓬松，就像一把大扫帚。这样一个怪异的大尾巴对于大食蚁兽来说是有好处的，它不仅可以像一把雨伞一样帮助大食蚁兽遮风挡雨，在大食蚁兽睡觉的时候，还可以做被子和毯子。

此外，大食蚁兽的尾巴还能够支撑起它身体的重量。当大食蚁兽遇到敌人的时候，它首先想到的是逃跑，如果跑不掉的话，它就会

用尾巴支撑在地上,然后将前半身竖起来对付敌人。

　　大食蚁兽的食物并不只有白蚁,它也会吃黑蚁、蚂蚁等各种蚁类和其他昆虫及昆虫的幼虫。大食蚁兽的胃口很大,据科学家们估测,它一天最多可食用3万多只昆虫。大食蚁兽的作息时间跟我们人类差不多,一般都是白天出来找食物,晚上躲在安全地带睡大觉。

　　对于大食蚁兽来说,生儿育女也是大事。大食蚁兽繁殖的季节在春季。每年春天将至,大食蚁兽就忙着生宝宝。大食蚁兽的孕期为190天,一胎只生一个宝宝。大食蚁兽宝宝出生以后,它的妈妈对它呵护有加,经常把它背在自己的背上面,形影不离,一直到下次怀孕的时候,才肯减少对小宝宝的照顾和关心。

马：站着睡觉的动物

马的祖先一开始生活在北美洲的原始森林中，它们当时以树上的叶子为食物，后来随着时间的推移，它们开始在草原上生活，以草为食物。大约在 4000 年前，马逐渐被人类驯服，为人类的军事战争、农业生产、交通运输作出贡献。

马的种类很多，全世界马的品种约有 200 多个，中国有 30 多个。按照马的体质不同，可分为湿润型马、干燥型马、细致型马、粗糙型马、结实型马等。不同种类的马的体形大小悬殊。一些体型比较大的马，体重能够达到 1200 千克，身高可达 2 米。可是有一种袖珍矮马，身高只有 60 厘米左右，如果让它跟体型大的马站在一块，说是小巫见大巫绝不夸张。

马的长相十分俊美，它们的头面平直而又略微有点儿长，耳朵却短，额头及颈上有长鬃，眉部有长毛，四条腿健壮有力，脚趾的指端还有马蹄，不过，其脚趾已经退化。

马的嗅觉非常发达，它们不仅能够依靠嗅觉寻找到几里地以外的水源或者草地，还可以依据嗅觉识别自己的主人、同伴，甚至还能

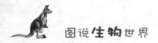
依靠嗅觉识别出污水和毒草。

除了嗅觉以外，马的听觉也非常发达。马可以利用发达的听觉辨别声音的来源和方向。马甚至能够听到人类听不到的声音。因此很多牧民如果在夜间寻找丢失的马匹，会让其他的马来带路。

马的嗅觉、听觉虽然发达，可是视力却不怎么发达。马是特别容易受到惊吓的动物，就像兔子、蛇之类的小动物的突然出现，都会把它们吓着。马为什么这么容易受到惊吓呢？这是因为它们的视力很差，如果那些小动物静止不动，马可能发现不了它们，但当它们突然在马的面前时，马就会受惊。马的视力虽然很差，可是它们的夜间视力却比我们人类强，它们能够在夜间清楚地辨别出道路的坎坷和夜间行动的动物。

马作为众多哺乳动物中的一个普通物种，它们最大的特点就是能够站着睡觉。

据专家分析，马站着睡觉是继承了它们祖先的生活习惯。马的祖先在没有被人类驯服以前，经常生活在一望无际的沙漠草原地带，马没有牛那样锋利的角，也没有狐狸那样的聪明，面对危险，唯一的办法只有跑。再说豺狼、虎豹等食肉动物，喜欢在夜间出来觅食，马的祖先为了保护自己，不管多困都要站着，连打盹也是，时间长了，站着就能睡着了。

刺猬：带着刺的小家伙

对于大多数动物来说，它们的身上都长满了毛茸茸的毛发，摸上去手感非常好。可也有另类的哺乳动物，它们身上不长毛发，而是像仙人掌一样全身长满了刺。这种带刺的哺乳动物就是刺猬。

刺猬又被人们称为刺团、猬鼠、偷瓜獾、毛刺等，主要生活在欧洲、非洲以及亚洲北部地区。在我国，刺猬主要分布在北方以及长江流域地区。

刺猬最大的特点是，除了头、尾和腹部有少许被毛，其他外部的地方皆被刺占领。

刺猬的刺是倾斜着贴附在身上的，只有当它们在遇到惊吓时，全身的刺才会竖起，它们把自己蜷缩成球状，以保护自己，远远看去，就像是一个刺球。

如果这些烦人的刺可以忽略不计的，刺猬还是一种挺可爱的小动物。它们有着胖胖的体形，圆圆的小黑眼睛，会不断地抽动的长鼻子，尖尖的嘴巴，短小的尾巴。它们的四肢也非常短小，在 4 条小巧的腿上，各长有 5 个小巧的脚趾，看上去非常可爱。

刺猬是一种昼伏夜出的小动物,喜欢白天睡觉,晚上出来寻找食物。

刺猬属杂食动物,喜欢吃的食物非常多,比如昆虫、蛇、老鼠、蚂蚁等,有的时候它们也会找一些野果子吃。在众多食物中,刺猬最喜欢吃的还是蚂蚁和白蚁。

刺猬的长鼻子非常灵敏,它靠着灵敏的长鼻子来寻找藏在地下的蚂蚁。当它们嗅到地底下有喜欢吃的食物时,就会用爪子挖出一个洞,然后将那又长又黏的舌头伸进去,把食物粘到嘴里。

刺猬属于异温动物,它不能稳定地调节自己身体的温度,所以它们要想活着度过寒冷的冬季,就必须冬眠。

每当秋季来临的时候,这些小家伙就开始为自己的冬眠做准备了。它们要做的准备之一就是搭造一个舒适而又温暖的窝,小树枝和杂草是搭窝的最好材料,这些东西铺垫在巢穴里,会让它们感到非常舒适。

刺猬在冬眠的时候,体温会降到6℃,从某种程度上来说,刺猬是世界上体温最低的哺乳动物。刺猬冬眠的时间是比较长的,一般都在100多天,在这100多天的时间里,它们不吃也不喝,就一直睡。当然了,在冬眠的过程中,这些小家伙有的也会醒过来,但是醒过来以后又会尽快地睡去。

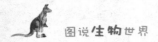

当春天到来的时候,刺猬会从冬眠的状态下醒过来。醒过来的第一件事情就是寻找食物,食物能尽快地恢复它们的能量和体力,接着,这些小家伙就要寻找配偶,开始生儿育女了。

对于刺猬来说,它们是一种独居动物,每一只刺猬都会有自己的地盘。在自己的地盘上,它们不允许其他的刺猬靠近。不过到了交配季节,它们就顾不上这些了。这个时候,雄性刺猬会跑到雌性刺猬住处来寻找配偶。雄性刺猬找到自己中意的配偶以后,会僵持一段时间,因为这些雌性刺猬是不甘心就这么轻易地下嫁的,它们会竖起身上的刺,与那些雄性刺猬进行撕咬。雄性刺猬当然也不会示弱,它会跟雌性刺猬打得团团转。至于什么时候才交配,这是雌性刺猬决定的事情。

刺猬在完成了交配以后,雌性刺猬会找一个既安全又清静的巢穴住下来,等到 30 天后,它的宝宝就会从它的肚子里爬出来。刚一出生的小刺猬身上的刺特别少,只有 100 多根,并且也很软。不仅如此,刚出生的小刺猬没有视力,要在两周以后才能看清楚世界。小刺猬出生后的 4～8 周是由母乳喂养的,这段时间过了以后,它们的妈妈就会教它们如何觅食。

等小刺猬长到两个月大的时候,它们的妈妈就会停止对它们的照顾,让它们自己独立生活了。

薮犬：擅长游泳的狗

狗一般是不会轻易下水游泳的。可是有一种狗却要比其他狗擅长游泳，这种狗就叫薮犬。

薮犬，也被人们称为南美林犬或者水狗，主要生活在中美洲及南美洲地区。

看到过薮犬的人，第一印象就是这种动物的身体又矮又长。一般来说，薮犬的身体长度在 55~75 厘米之间，如果算上它们尾巴的长度，可达到 67~90 厘米，可是它们的平均肩高却只有 30 厘米。

薮犬体毛的颜色为棕红或者棕檀色，它们的喉头处有浅红色的斑块，尾巴上的毛颜色要深一些。薮犬的耳朵又圆又短，四肢短小不说，还长了一条短尾巴。它们看上去既不像狼，也不像一般的狗，更不像狐狸，倒是有点儿像鼬鼠或者水獭，但是又不完全像，是狗中的四不像。

薮犬的每四个脚趾上都长有不太发达的脚蹼，正是因为有这些脚蹼的存在，所以薮犬的游泳技术要比其他动物高超。可能也正是由于有这方面的特长，薮犬喜欢在有水的地方生活。由于它们长时

间在水中,所以身上的毛总是湿漉漉的。

薮犬是一种群居动物,通常由十来只薮犬组成一个群体。这些群居的薮犬通常用唧唧吱吱的叫声、倒吸气或者啸叫声来相互交流。

薮犬不仅喜欢群居,捕猎时也具有很强的群体性。薮犬算是一种肉食动物,它们喜欢吃的肉食有鱼类、小型的爬行类动物、两栖类动物、水鸟等。薮犬的作息时间不是很规律,它们在任何时候都会捕猎,不论是白天和黑夜。当它们捕猎的时候,会整个群体同时出动。它们捕猎的习性跟豺狗有些相似,不仅喜欢集体出猎,还喜欢长时间追踪猎物,直到逮住猎物为止。

薮犬捕猎非常有意思,它们喜欢群体狩猎比自己体型大许多的大型猎物。在捕捉大型的猎物的过程中,它们分工有序,总是由最有经验的头领作为攻击主力,其他的成员负责驱赶和骚扰猎物,直到把猎物征服为止。

有意思的是,在薮犬这个群体当中,只有它们的首领才会有生育权。薮犬不像大多数动物那样有固定的繁殖期,雌性的薮犬头领自身可以分泌出一种物质来选择和调整自己的发情期。一般一只雌性薮犬一年有 2 次发情期,这两次发情的季节是不固定的,它们可以选在任意一个季节。薮犬的发情时间一般只有 4 天,这 4 天当中,雌性薮犬掌握着选择配偶的权利。

经过交配的雌性薮犬,会为自己准备一个兽穴待产,它们的兽穴大多数是犰狳不用的洞穴,很少由自己挖掘。经过 2 个月的妊娠期,小薮犬就出生了,薮犬产仔的数量在 4~6 只,这 4~6 只小薮犬会在母乳的哺育下生活 8 个星期,8 个星期过后, 它们就会失去这特殊的待遇,然后跟随妈妈一起吃肉。等到它们 1 岁的时候,就长成成熟的薮犬了。

 # 濒危的哺乳动物

关键词：长吻针鼹、武广牛、穿山甲、紫貂、长耳跳鼠、巴西三趾树懒、亚洲貘、环尾狐猴

导　　读：我们的地球因为有各种各样的生物存在，才显得处处生机。哺乳动物作为自然界中一个生物物种类别，也丰富了自然界。然而，作为哺乳动物一员的人类，在扩张和发展自己地盘的同时，也造成了严峻的生态危机。很多哺乳动物的种类随着生态环境的不断恶化，已经走向了濒危的边缘。

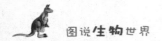

"刺毛团"——长吻针鼹

2011 年 11 月 19 日,伦敦动物学会公布了一份"2010 年具有独特进化意义的全球濒危物种"名单,有一种名为长吻针鼹的动物列在其中。

长吻针鼹,主要分布在新几内亚岛上,它们喜欢在高海拔的灌木丛、砂质平原等环境中生活,当然,如果有沙漠的话,也是一种理想的生活环境。

长吻针鼹的外形非常有意思,它们的体形比刺猬稍微大一些,背上长满了坚硬的针毛,这些刺是由三种颜色组成,其中最顶端是白色,中间一段是棕色,最底部一段是黑色。

长吻针鼹的脑袋又小又尖,在这小脑袋上长着奇特的五官。它们的眼睛和耳朵都非常小,如果你不仔细观察的话,这两者会轻而易举地被忽略掉。它们的头前部长了一个圆筒状的长喙,长喙上没有长毛,质地非常坚硬,长吻针鼹的鼻子和嘴巴就长在这个长喙的前段。看上去,它们就像长了长嘴巴和长鼻子,因此,人们才把它们称为长吻针鼹或者长鼻针鼹。长吻针鼹的长喙里藏着一个细长且灵活的舌头，这是长吻针鼹吃东西的有力工具。长吻针鼹没有牙齿，它们就是靠这个长舌头将食物送到嘴中的。

长吻针鼹的躯干和四肢也很有特点。长吻针鼹的身体有点儿肥胖，体重 5~10 千克，它们体重的大部分重量都在躯干上。它们的四肢非常短小，四肢上长着锋利的爪子，以帮助它们进行日常活动。

长吻针鼹是一种昼伏夜出的动物，白天是它们的休息时间，到了晚上就会出来寻找食物。对于大多数长吻针鼹来说，它们最喜欢的食物就是各种蚂蚁。它们对付蚂蚁有一套独特的绝招。看到蚁穴以后，它们先用锋利而坚硬的爪子将蚁穴挖开，然后再将那带有倒钩和黏液的长舌头伸进蚁穴当中，这时候蚂蚁根本无法躲藏，只得成为这些家伙的腹中餐。

长吻针鼹不仅擅长挖蚁穴，它们挖洞的技术也是一流的，速度更是惊人。它们在数分钟之内可以在坚硬的土地上挖出一个洞穴来。它们把自己放在洞穴内，有时候也会只将下半身放在洞穴内，满身的刺露在洞穴的外面。

有意思的是，长吻针鼹挖洞的时候，会把挖出的土全部堆在身后，等洞的深度达到 4 米的时候，它们会回过头来把身后的土堆积在洞穴的入口，以保护自己的安全。从这一点来看，长吻针鼹的自我保护意识还是蛮强的。

当然,长吻针鼹保护自己的方法并非一种。它们在遇到危险的时候,除了躲到洞里,还会像刺猬一样把自己收缩成一个球团,让敌人无可奈何。除此之外,它们还有爬树等避险小招数。

长吻针鼹也是一种卵生的哺乳动物。每当长吻针鼹的繁殖季节来临的时候,雌性长吻针鼹腹部会长出一个新月形的皮囊,这是由于它们的肌肉收缩而形成的皮肤褶皱,这个"皮囊"中布满了粗毛,这就是长吻针鼹妈妈的育儿袋。

长吻针鼹产卵的时候,会将自己的身体弯曲,把卵产在这个"皮囊"当中。长吻针鼹的卵比较小,直径只有2厘米左右,这个卵中只有卵黄,没有卵白。长吻针鼹就这样随身携带着卵,过了几周以后,

117

小长吻针鼹就会从卵中孵化出来。这时,小长吻针鼹依然在皮囊中生活,靠舔食母乳中流出来的乳汁来补充营养。等到它们七八周大的时候,它们的身上会长满硬刺,这时候它们的妈妈就会感到不舒服,会把它们从"皮囊"中掏出来,把它们藏在隐蔽的地方继续哺育,直到它们能够独立生活为止。

最为罕见的哺乳动物——武广牛

1992 年，人们在越南和老挝的山区里发现了一种非常奇特的动物，这种动物的外形和北非羚羊有些相似，但是它们却跟野牛有着极近的血缘关系。这种奇特的动物就是武广牛。

武广牛又称为中南大羚、安南锭角羚、剑角牛、索拉羚等。它是世界上非常罕见的动物之一，素有"麒麟"之称。在偌大个地球上，武广牛只选择在越南的武广自然保护区，以及越南与老挝的边境地区的深山密林中生活。

武广牛是一种较为大型的哺乳动物，全身的毛发多为棕褐色，只有脸颊和四肢上边有些白斑，身高在 1 米左右，体长约 1.5 米，尾巴 20~25 厘米长。

武广牛的外形跟北非羚羊十分相似，不过，武广牛并非羊的近亲，而是牛的近亲。武广牛的两只角极为特别，不仅长而且非常直。这只角如果再细一点，就像可爱的天线宝宝了。

武广牛的生活习性很特别，喜欢奔跑、穿越在森林或者低山上。这些家伙害怕孤独，总是喜欢群体生活，不过这种群体非常小，一个

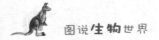

武广牛群体也就只有三四个成员。这个小群体一起寻找食物。它们喜欢吃树叶,当然也会吃一些花草,从这点来看,这些家伙还是素食主义者。

武广牛的数量特别少,人们在野外很难见到它们的身影。由于武广牛还无法通过人工饲养繁育后代,这意味着武广牛一旦在野外消失,那么这个最罕见的物种之一,将在地球上彻底消失。也正因为如此,武广牛被世界自然保护联盟列为极危物种。

身着防弹衣的穿山甲

穿山甲身披着一层鳞甲，就像是战士的铠甲，看起来是那样的帅气威武。可是你知道吗，如此威武的穿山甲，它却遭到人类不断的追杀，以致于成了一种濒危动物。

穿山甲是一种生活在热带以及亚热带的哺乳动物，喜欢在山麓、丘陵或者灌木丛等潮湿的地上生活。

从穿山甲的外形来看，它可算是一种特殊的哺乳动物。对于大多数哺乳动物来说，它们的身体是由毛发覆盖的。可是穿山甲的全身却覆盖了一层鳞甲。除了脸部和腹部之外，它全身披着500~600块呈复瓦状排列的、像鱼鳞一般的硬角质厚甲片，硬度超过了古代士兵的铠甲，据说用小口径步枪都难以击穿，牙齿锋利的野兽也奈何不了它，因此，它才被称为穿山甲。

穿山甲的长相非常怪异。它的头呈圆锥状，眼睛挺小，整天像睁不开似的，这样的眼睛看东西是相当费劲的，因此它的视力基本上已退化了。另外，它的嘴巴不是很尖，嘴巴里没有牙齿，它吃东西靠的是口中的长舌。穿山甲的背部略微隆起，像个"小罗锅"似的。穿山

甲的四肢又粗又短，可是尾巴却很长，有的穿山甲的尾巴能够达到 30 厘米。

穿山甲也是一种昼伏夜出的动物，它一般晚上的时候才出来寻找食物。穿山甲喜欢吃的食物很多，如蜜蜂、胡蜂等昆虫。不过穿山甲最喜欢吃的还是蚂蚁。据科学家研究发现，一只成年穿山甲的胃里最多可以容纳 500 克白蚁。如果把一只成年穿山甲放在一个 250 亩的树林当中，那么就再也不用担心白蚁会祸害林木了，因为穿山甲可以把白蚁全都除掉。

穿山甲虽然很能吃，可是它的消化本领却不怎么样。穿山甲的胃属于单室胃，胃里有很多"S"形的皱襞，如果它想把胃里的食物消化掉，就必须在吃东西的时候吞食一些小石子，借助这些小石子来将胃里的食物磨碎，以便于消化。

穿山甲最擅长的本领是给自己"盖房子"。穿山甲的房子一般都"盖"在草丛或者灌木丛中。

你可不要小看穿山甲的洞穴。有的人会说,这有什么稀奇,不久挖一个洞么,随便挖一个就得了。其实不然,穿山甲洞穴的结构是有一定的讲究的,要伴随季节和食物的变化而变化。

穿山甲的房子主要有两种:一种是用来夏天居住的,称作夏洞。这种洞穴建在凉爽的地方,而且通风条件要好,地势要高,这样下雨的时候不会有雨水浸入,洞内隧道长 30 厘米,很短,内部构造很简单;另一种无疑就是冬天居住的了,叫做冬洞。这种洞穴建在背风向阳的地方,地势比较低,约距地面 4 米高,洞内的结构恰恰与夏洞相反,较复杂,隧道也是那种弯弯曲曲的,像个葫芦形状,穿山甲在隧道内每隔一段距离堆积一道土墙,隧道长度有 10 米左右。

穿山甲的冬洞还要经过两三个白蚁洞穴,为自己的冬季储备粮仓,洞穴的尽头往往有一个宽敞的凹穴,里面满是软软的草,是用来给自己取暖的,也是穿山甲的卧室,这个凹穴还有个名字叫"育婴室"。怎么样?穿山甲够聪明吧。

穿山甲虽然聪明,可是在自然界中它的天敌也不少。狮子等大型肉食动物都能够将它置于死地。当然,穿山甲也不会等死,它除了躲到洞穴里以外,还可以将自己的身体缩成一团,让那些想吃它的

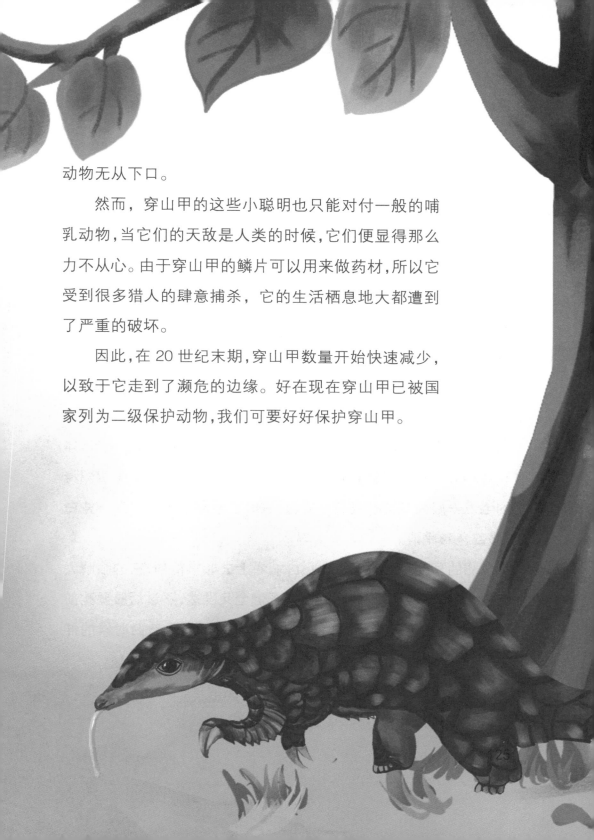

动物无从下口。

然而，穿山甲的这些小聪明也只能对付一般的哺乳动物，当它们的天敌是人类的时候，它们便显得那么力不从心。由于穿山甲的鳞片可以用来做药材，所以它受到很多猎人的肆意捕杀，它的生活栖息地大都遭到了严重的破坏。

因此，在 20 世纪末期，穿山甲数量开始快速减少，以致于它走到了濒危的边缘。好在现在穿山甲已被国家列为二级保护动物，我们可要好好保护穿山甲。

俏皮可爱的紫貂

1982 年 6 月 20 日,我国邮电部发行了一套特殊的邮票,这套邮票的发行是为了倡导人们保护野生动物。这套邮票的主人公之一就是濒危的哺乳动物——紫貂。

紫貂是一种亚洲特产的哺乳动物,主要生活在于乌拉尔山、西伯利亚、蒙古、我国东北地区的森林当中。

紫貂是小型哺乳动物,它的身体大小跟成年的家猫差不多,体长在 40 厘米左右,身体很苗条,体重只有 1 千克左右。野生紫貂身上的毛发一般为棕黑色或者是褐色,家养的紫貂毛色会掺杂一些白色,腹部色彩稍淡。

紫貂的耳朵呈三角形,直立立的,看上去非常精神,它的眼睛大而有神,看去非常可爱。紫貂的四肢既健全又发达,不过后肢要比前肢长些,脚趾均为五趾,并附有肉垫,像猫一样,利于弯曲时候的伸缩,爬树的时候也不用担心被划伤。

紫貂最显眼的部位当属它的尾巴,紫貂的尾巴足足有 12 厘米长,这相对于它娇小的身体来说算是长尾巴了。

紫貂的生活习性非常有意思,它把巢穴建在树洞之中或者石堆上,但是却很少到巢穴里生活,要到生宝宝的时候才住在巢穴内,其他时候几乎都是在外面,过着潇洒的漂泊生活。

　　紫貂的作息时间跟人类差不多,晚上的时候休息,白天的时候出来寻找食物。它喜欢吃的食物很多,有老鼠、小鸟及鱼类,偶尔也会吃些松果等植物果实。

　　紫貂的繁殖期在每年的夏季,雌性紫貂都是在每年的这个时候受精,但是这个时候它们的受精卵并不发育,要等到第二年2～3月的时候才开始着床发育。

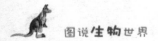

紫貂的妊娠期需要 8 个月左右的时间,这样算下来的话,紫貂一年还繁殖不了一代。

值得一提的是,紫貂走路非常有趣。它偏爱小步跑和跑跳步两种走路方式,这跟其他动物似乎不一样。光这样也就算了,跑步中它们还喜欢跑跑停停,左顾右盼的,捕食的时候还连跑带跳,所以看上去非常可爱。

遗憾的是,像紫貂这样如此可爱的小动物却一度遭到人类的大肆捕杀。人类为什么要捕杀这些可爱的小动物呢?其实都是受到经济利益的驱使。我国东北流传着一句俗语:"东北有三宝,人参、貂皮、鹿茸角。"这三宝里边的貂皮,就是指紫貂的皮。这种貂皮是一种名贵的裘皮,有着"软黄金"之称,它们是一些人尊贵身份的象征,过去只有高官显爵才有资格穿上貂皮制作的衣服,一般老百姓是不能穿的。

而现在,貂皮因为外形美观,防寒保暖效果好受到人们的青睐。因此,它在市场上的价格非常昂贵。一些人为了获取经济利益就大肆猎狩野生的紫貂,再加上紫貂本身的繁殖能力并不强,以致它们的数量越来越少,一直走上濒临灭绝的边缘。目前,我国已经将野生的紫貂列为一级保护动物,对它们实施了保护措施,才让它们免于在地球上消失。

沙漠中的米老鼠——长耳跳鼠

1928 年,迪士尼公司创作了动画形象——米老鼠,此后近百年来,米老鼠超级可爱的形象深入人心,它影响了几代人的童年生活,哪怕是现在已经步入垂暮之年的老年人,提起米老鼠来,也还记忆犹新。

卡通米老鼠以夸张、想象的手法被创造出来,但在现实里,也的确存在着一种"米老鼠"似的动物,它的样子超级夸张——其耳朵长达 3.8~4.7 厘米,是头的 3 倍大;尾巴也长,在 15~19 厘米之间;而它的整个躯干部位长度仅仅为8~10.5 厘米。由此看来,其耳朵几乎是身体长度的一半,这么夸张的长相,也给它迎来了一个大名鼎鼎的别号"沙漠中的米老鼠",它的学名叫长耳跳鼠。

长耳跳鼠的前肢短小,后肢细长发达,当它不大的身体和硕大的脑袋架在细长的后肢上时,看起来就像在踩高跷。当然,你也可以把它的长相说成是畸形,但是瑕不掩瑜,它的可爱形象会抵消掉它身材比例不协调的一面。

长耳跳鼠属啮齿目跳鼠科长耳跳鼠属,这种跳鼠十分罕见,生

存地域较窄,分布于我国的极少数地区,在内蒙古、甘肃、青海以及新疆等地,可以看到它们活动的身影。与我国毗邻的蒙古,也可见到它的踪迹——因为蒙古的生态环境、气候条件等与分布于我国的长耳跳鼠的活动区域极其接近。

长耳跳鼠喜欢沙漠、戈壁的生活环境,而其分布地域正好符合这些条件。它们的主要食物是生存在沙漠、戈壁地区的一些昆虫。也许由于其所处的生活地带,本身的食物链就不充沛,长耳跳鼠想要寻找到大量的食物,非常困难,这也许是长耳跳鼠数量不多、繁殖养育后代困难的因素之一。

其次,长耳跳鼠主要生活的沙漠、戈壁地区,人类的开发活动日趋增多,比如农业开垦、矿藏开采对其生存环境造成空前的破坏。并伴随着这一轮的破坏又引入了长耳跳鼠的天敌——野猫或家猫。无

论野猫或家猫,都让鼠命堪忧。

发现这种动物的伦敦动物学会原野保护负责人乔纳森·巴里列曾这样感慨道:

这种天敌(猫)对一种动物的影响力之大令人惊讶,一只饥饿的猫一个晚上能捕捉到 20 只跳鼠。猫是人类引入该区域的,这里可能是沙漠环境,但是也有农业耕种或者非法采矿。人类饲养猫,是因为它们能灭鼠,但是,在夜间,如果它们依然饥饿难耐,它们就会窜进沙漠,猎捕跳鼠。

这个看似人类开发活动与长耳跳鼠生存之间没有关联的问题背后,却有很难撇清的直接因素。总而言之,无论是自然因素或是人为因素,其最终祸首,都在于人类的活动。

当第一次发现这种动物时,乔纳森·巴里列说道:"这次探险中拍下的镜头和图像非常特别,也格外迷人。它(长耳跳鼠)只是众多神奇罕见又濒临灭绝的动物之一,但是,很少或者没有引起人们对其保护的关注。"

此后,长耳跳鼠稀少的种群数量受到世界关注,目前长耳跳鼠已经被世界自然保护联盟(IUCN)列为濒危物种之一,同时也是世界 100 种最濒危灭绝物种之一。但是,它未被我国纳入任何动物保护名单的行列。

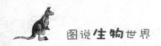

懒得可爱的巴西三趾树懒

由于地壳的多次运动，以及地球多次生物大灭绝事件的发生，位于西半球横跨赤道的巴西，成了诸多物种得以生存繁衍的避难场所，其丰富的天然资源、气候条件以及生态环境，构建了一个生物多样性的美好天堂。

巴西处于热带和亚热带地区，亚马逊平原年平均气温 25℃ ~ 27℃，南部地区年平均气温 16℃ ~ 19℃。其境内拥有亚马逊平原、巴拉圭盆地、巴西高原和圭亚那高原，以及亚马逊、巴拉那和圣弗朗西斯科三大河系，其海岸线长达 7400 多千米。如此得天独厚的自然环境，造就了一幅恢弘而辽阔的生物厚土。在 500 万平方千米的亚马逊平原上，生活着数百万生物物种。全球 22% 的物种是在巴西发现的，其中不乏一些巴西特有物种。

然而就在这样一个地区，依然会有一些物种濒临灭绝，其中"懒"得可爱的巴西三趾树懒就名列其中。

一个"懒"字突出了这种动物的天性。巴西三趾树懒属于贫齿目树懒科的一种小型哺乳动物，主要生活在树上，很少下地走路。因为它们不会走路,即便从树上下来,其爬行速度堪比乌龟。这对于巴西三趾树懒而言是个致命的弱点,一旦它来到陆地上,又跑不快,自我防卫能力实在太差,遇到大型的食肉动物比如美洲虎等,就会落入虎口。送死不如偷懒,干脆不下树才是上全之策,它因此获得了"懒"的称号。

事实上,在陆地上行动缓慢的巴西三趾树懒,在树上却游刃有余,它能在树干上埋头大睡,乃至玩倒悬,并且不会掉下来。因此生物学家将其归入树栖动物的行列。

它还有另一个本领,即高超的水性,而且胜过其他陆地哺乳动物。它非常擅长游泳,并能潜水,如果在树上下来之后,它会选择到河水中游上一圈。

巴西三趾树懒的形态特征是:圆溜溜的小头,小小的耳朵,短短的尾巴,前肢较长,后肢较短,并且前后肢上皆长有三趾,故名"三趾树懒"。

巴西三趾树懒的脚爪非常锋利,这是它保护自身安全的"法宝",当它遇到威胁或危险时,会用锋利的爪子刺伤敌人。

当然,这些并不能完全保障它的安全。它要想获得安全,就需要别的本领,而且它的确拥有这样的本领——能与藻类、地衣等共生。

巴西三趾树懒原本长有灰褐色的毛发,由于长期栖息于树上,

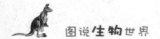

一些绿色的藻类、地衣等,开始在巴西三趾树懒身上安家落户。这些绿色的藻类、地衣等,以从它身上排出的蒸汽、碳酸气等为食物,如此一来,巴西三趾树懒的灰褐色的毛发变成了绿色,形成一种拟态保护色。当它倒挂在树干上时,交错的绿色树叶与其融为一体,使得它的敌人很难发现它的身影。

其实,从小巴西三趾树懒开始,这种绿色的藻类、地衣就长在它的身上了,直到巴西三趾树懒年老死去为止。

巴西三趾树懒主要生活在中南美洲的巴西、阿根廷、圭亚那、厄瓜多尔、秘鲁、巴拿马、尼加拉瓜的热带雨林地区。当气温降到 27℃时,它便开始发抖。只有相对恒定的气温,才能使巴西三趾树懒生活得自由自在。这也是巴西三趾树懒生活区域较为狭窄的因素之一。

巴西三趾树懒家族有过生活在北美大陆地区的记录,但是后来,由于种种因素已经灭绝。

如今,巴西三趾树懒也正在遭遇着灭绝的危险:

一方面,当地的热带雨林被大量砍伐,其适宜的生存环境逐渐被破坏。

另一方面,当地的人类活动和开发,破坏了巴西三趾树懒原本安静的生存空间,还有一些人非法捕猎,致使巴西三趾树懒处于濒危的边缘。

最为奇特的"四不像"——亚洲貘

我国唐代大诗人白居易在《貘屏赞》中写道：

貘者，象鼻犀目，牛尾虎足，生于南方山谷中。寝其皮辟瘟，图其形辟邪。予旧病头风，每寝息，常以小屏卫其首。适遇画工，偶令写之。按山海经，此兽食铁与铜，不食他物。

白居易所言貘者，即亚洲貘。这种动物的鼻子像大象，眼睛像犀牛，尾巴像牛，四肢像虎，生长在南方的山谷之中。但是它不吃铜铁，主要吃含有水分较多的植物嫩枝、树叶以及野果，其中水生植物是它的主要食物。如今亚洲貘在我国已经绝迹，在柬埔寨、越南、老挝等地区也难见其踪影。现在有亚洲貘的还有马来西亚、印度尼西亚、泰国南部和缅甸等少数地区。根据生活地区的不同，亚洲貘还有以地区性的命名的，比如生活在马来西亚的亚洲貘叫马来貘，生活在印度尼西亚的亚洲貘叫印度貘等。

亚洲貘是奇蹄目貘科貘属的一种哺乳动物，体长 140～260 厘米，体重为 160～540 千克。它的样子十分奇特，看起来憨态可掬。它的头部至身躯的前部是黑色的毛发，后半段身躯的毛发为白色，

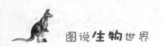

如同一件黑白分明的马甲穿在它身上一样。它的身躯像猪，但比较肥大滚圆。它长着长长的鼻子，就像象鼻一样，并且伸缩自如，它就是依靠这个长鼻子卷摘水生植物，并且每天可以吃下高达 9 千克的食物。亚洲貘的牙齿非常坚硬，能够咬断粗硬的树枝，臼齿就像磨盘一样，可以磨碎比较硬的食物，比如枝叶等。

有趣的是，亚洲貘非常胆小和懦弱，不善于与其他动物搏斗。当它遇到其他动物时，会以拼命奔跑的方式瞬间钻进森林里，利用其敏捷的穿梭技能，在森林里与其他动物玩"捉迷藏"的游戏，直到把其他动物彻底甩掉为止。除了善于奔跑逃生，它还善于游泳，当遇到一些不会游泳或水性不好的食肉动物时，它会迅速潜到水中，让岸边的天敌干着急。

目前，全球野生亚洲貘的数量仅 3000 余头，造成亚洲貘数量减少的原因有两方面：一方面由于亚洲貘体态可爱，性格温顺，很多人喜欢把它当做一种特别的宠物饲养，这就导致了人为的捕猎，使其野生数量降低。另一方面，亚洲貘生活的地区，生态环境遭到严重破坏，导致亚洲貘生存空间越来越小。1996 年，世界自然保护联盟将亚洲貘列入濒危物种红色名录之中，等级是易危；2008 年，亚洲貘被世界自然保护联盟列为濒危物种。希望此举能对亚洲貘起到保护作用。

爱享天伦之乐的环尾狐猴

与亚洲貘一样,环尾狐猴也被世界自然保护联盟列入濒危物种红色名录之中,等级是易危。同时,环尾狐猴还被国际贸易公约列入《附录 I》中,禁止在国际上进行交易。

环尾狐猴仅仅生活在马达加斯加岛的南部地区,植被丰富、水分较为充足之处是环尾狐猴的首选生活区域。它是灵长目狐猴科狐猴属的一种哺乳动物。嘴巴和眼睛看上去像狐狸,尾巴有黑白相间的 11~12 条环状花纹,因此名为环尾狐猴,又称节尾狐猴。

环尾狐猴个头不大, 体长在 30~45 厘米之间, 尾长为 40~50 厘米,体重 2~4 千克。其身体的毛发颜色呈浅灰色,背部呈棕红色,腹部呈灰白色,额部、耳朵和面颊部位的毛发又呈白色,嘴巴和眼圈是黑色的。整个看来,环尾狐猴样子可爱、精明、小巧。

环尾狐猴属于杂食性动物,它的食物单上既有素食,比如植物的嫩芽、树叶、花以及果实等,也有肉食,比如一些昆虫、鸟卵以及幼鸟等。当然从整个食物占比上看,素食仍是它的主要食物。

作为灵长类动物,环尾狐猴的生活安排得井井有条,它们白天活动、饮食、相互梳理毛发以及长时间地晒太阳,晚上的时候进入休息时间。因此,环尾狐猴也是唯一一种在白天活动的狐猴种类。

环尾狐猴过着群居生活,通常由 6~30 只狐猴组成一个大的生活圈,即一个"大家庭"。大家庭的首领由雌性环尾狐猴担当,并且具有一定的权威性。比如就餐方面,它们有严格的纪律。在饮水的时候,必须先让雌性环尾狐猴以及其他幼狐猴饮用,其他的在旁边待命以及负责保护安全工作。如果有雄性成年环尾狐猴敢于破坏这个"家庭"规矩,那么,雌性首领会剥夺这个环尾狐猴的"国籍"权,并把其赶走。

虽然雌性环尾狐猴对于成年雄性环尾狐猴显得比较霸道、不温顺,但是,它们却很爱自己的孩子。当小环尾狐猴刚一出生时,全身没有毛发,这时,雌性环尾狐猴就会母性大发,它会抱着或背着这些小环尾狐猴一起晒太阳,并照顾这些小家伙们的饮食起居等。等到半年以后,小环尾狐猴长大并能够独立生活的时候,雌性环尾狐猴才会让它们离开自己温暖的怀抱。

环尾狐猴一年繁殖一次,一次约生幼仔 1~2 只。每年,雌性环尾狐猴会用半年的时间陪伴着孩子度过美好的岁月,如此循环不止,直到它老去之时。可见这个种族的动物家庭生活是多么其乐融融、温馨和睦啊!

 # 哺乳动物与人类

关键词：哺乳动物、提供食物、提供衣服、交通工具、医药、科技发明

导　　读：在远古时期，哺乳动物对于人类的衣着、出行等带来了极大的好处，作为一种肉食，它们也在源源不断地为人类提供着食物原料，除此之外，它们在医疗、科技领域，也为人类作出了巨大的贡献。

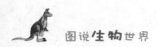
哺乳动物为人类作的贡献

人类是哺乳动物中智慧最高的一个物种。聪明的人类为了能够更好地生存下去，不仅懂得要与其他动物和平共存，还懂得让这些动物在一定范围内为自己的生活作贡献。

那么，其他哺乳动物为人类作了哪些贡献呢？

首先，其他哺乳动物为人类的饮食作出了很大的贡献。

远古时代，人类就开始食用动物的肉，而他们食用的动物大多

为哺乳动物。不仅满足了人类口腹之欲,更为人类的身心发育提供了充足的营养。就拿牛肉来说,不仅味道鲜美,还含有丰富的蛋白质、氨基酸等,享有"肉中骄子"的美称。除了牛肉以外,猪、羊等哺乳动物的营养价值也非常高。

值得一提的是,哺乳动物除了为我们提供肉食,还为我们提供了各种各样的奶制品,比如牛奶。

中国有一种杂交奶牛叫黑白花奶牛,它们的产奶量非常高,如果饲养得当,在 305 天里可以产奶 6000～7000 千克。这些牛奶的用途也很大,不仅可以加热后直接饮用,还可以经过加工后制成奶酒、奶酪、奶油等各式各样的乳制品。

其次,哺乳动物为人类穿衣也作出了很大贡献。

在远古时代,人类的祖先就知道很多哺乳动物的皮毛具有防寒保暖的功能。所以那个时候,当人类猎杀了一些大型的哺乳动物以后,就会将它们的皮毛留下,晒干以后制成衣服穿在身上,这种用动物皮毛制成的衣服,不仅看起来美观,还能帮助古人度过寒冷的冬季。

只是后来随着时代的发展,人们慢慢地从这种不得已的猎杀演变到肆意的掠夺,导致很多珍稀的哺乳动物走向了濒危的边缘,所以国家出台了很多法律法规来保护那些珍稀的野生哺乳动物,比如

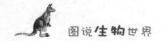
东北虎、紫貂都是国家的重点保护对象。

　　尽管如此,哺乳动物依然为人类的衣着贡献着自己,比如,一些绵羊身上的羊毛纤维不仅柔软富有弹性,还有良好的保暖效果,人们利用它们制成了羊毛衫、羊绒棉袄等;再如,野生的紫貂虽然是国家的保护动物,但是人类可以人工饲养水貂。貂皮素有"裘中之王"之称,具有"风吹皮毛毛更暖,雪落皮毛雪自消,雨落皮毛毛不湿"的特性,人类把它制成各种各样的皮草服装,防寒保暖效果极佳。

再者,哺乳动物为人类的交通运输也立下了汗马功劳。

人类在很早以前就知道利用一些擅长奔走的哺乳动物来帮着运输。比如,人们发现马不仅奔跑速度快,还有超强的耐力,于是人们将马当成交通工具或运输工具。

虽然,如今人类发明了火车、飞机和汽车,马作为一种交通工具的作用已经大不如从前了,但是它在一些交通不发达的地区依然是人类的好帮手。

人类除了利用马做交通工具，还利用骆驼行走于沙漠，利用狗拉雪橇行走于雪地。

　　最后，哺乳动物对人类的医疗事业也贡献多多。

　　人类的很多疾病需要用其他哺乳动物来辅助治疗。比如，牛如果经常消化不良的话，它的胆囊当中会长出一种名为牛黄的胆囊结石。牛黄对牛来说是坏东西，对于人类来说却非常有用。牛黄中含有胆汁酸，这种胆汁酸里含有多种化学成分，具有镇静解热的作用。再如，鹿身上的鹿茸能够提高人的活力，促进新陈代谢，还可以促进大脑的机能，可谓是药类的上品。

　　除此以外，人类在哺乳动物身上学到很多东西，比如，人类根据蝙蝠的超声波发明了雷达；根据长颈鹿的厚皮发明了飞行服；根据袋鼠起跳前弯曲身体，发现采用蹲踞式起跑会跑得更快。

　　总之，其他哺乳动物在与人类共存的同时，为人类生存和发展的方方面面作出了巨大的贡献。